EINSTEINS DRITTER FEHLER

Prinzip der Äquivalenz

EVGENI BANTUTOV

Copyright © 2024 EV GENIUS

All rights reserved

The characters and events portrayed in this book are fictitious. Any similarity to real persons, living or dead, is coincidental and not intended by the author.

No part of this book may be reproduced, or stored in a retrieval system, or transmitted in any form or by any means, electronic, mechanical, photocopying, recording, or otherwise, without express written permission of the publisher.

CONTENTS

Title Page
Copyright
1. Einleitung. 1
2. Definitionsbereich. 3
3. Äquivalenzprinzip. 5
4. Newtons erstes Gesetz. 16
5. Newtons zweites Gesetz. 26
6. Newtons drittes Gesetz. 37
7. Newtons Gravitationsgesetz. 49
8. Relative Bewegung mit konstanter Geschwindigkeit. 52
9. Absolute Bewegung mit konstanter Beschleunigung. 57
10. Zuordnung von Bewegungsarten. 62
11. Gefühl der Krafteinwirkung. 87
12. Stärke. Anwendungspunkt der Aktion. 94
13. Arten von Kräften. Manifestation der Macht. Ursache Wirkung. 95
14. Grundsatz der Einheitlichkeit. 101
15. Grafische Darstellung 104
16. Zustand der relativen Ruhe 110
17. Dreidimensionale Realität. Eindimensionale Realität. 116
18. Anstrengung. Beschleunigung. 131

19. Tätigkeitsbereich. Gemeinsame grundlegende Essenz   137
der Einen Unendlichen Realität.

20. Newton, Schwerkraft und Kraftfeld .   148

21 ZEIT   150

1. EINLEITUNG.

Dieses Buch richtet sich an Leser, die keine spezielle Ausbildung in Physik haben.

Es gibt viele Abbildungen, die die Probleme der modernen Physik zeigen und erklären. Es gibt keine komplizierten mathematischen Formeln. Es zeigt sich, dass viele der Probleme der modernen Physik auf die Relativitätstheorie zurückzuführen sind, die von Einstein entwickelt wurde.

Einstein bemerkte, dass, wenn sich ein Körper mit Beschleunigung in einem Gravitationsfeld bewegt, seine Beschleunigungsbewegung mit einer gleichmäßigen geradlinigen Bewegung identisch ist und dass schwere Masse immer gleich träger Masse ist.

Einstein nutzte diese beiden Tatsachen und dann kann eine Bewegung mit Beschleunigung einer gleichmäßigen geradlinigen Bewegung gleichgesetzt werden. Dies bedeutet, dass die beiden Bewegungsarten äquivalent sind, und Einstein definierte dies als *Äquivalenzprinzip*.

Einstein setzte eine beschleunigende Bewegung mit einer gleichförmigen geradlinigen Bewegung gleich und schuf so die Allgemeine Relativitätstheorie.

Das Gegenteil sollte getan werden. Eine gleichmäßige geradlinige Bewegung muss mit einer beschleunigenden Bewegung gleichgesetzt werden. Dann entspricht eine gleichmäßige geradlinige Bewegung einer Bewegung mit Beschleunigung. Dann ist die gleichmäßige geradlinige Bewegung ein Sonderfall der Bewegung mit Beschleunigung.

Einstein definierte das Äquivalenzprinzip und schuf die Allgemeine Relativitätstheorie. Das Äquivalenzprinzip ist falsch definiert. Dies schafft große Probleme für die Relativitätstheorie und eine Krise in der modernen Physik.

Um die Allgemeine Relativitätstheorie zu schaffen, muss das Gleichheitsprinzip angewendet werden.

Aus dem Gleichheitsgrundsatz folgt:

Die von Newton definierte Schwerkraft **ist keine** zentrale Kraft. Newtons Gravitationskraft ist eine transversal wirkende Kraft.

Newtons Gravitationsgesetz gilt nur innerhalb der Grenzen des Sonnensystems.

Dann existieren Dunkle Energie und Dunkle Materie nicht.

Es gibt unendlich viele verschiedene „**Gesetze der Schwerkraft**" , **und diese Gesetze werden in einem Kraftfeld verwirklicht** .

Das Anstrengungsfeld ist der Träger der höheren Ableitungen von Entfernung und Zeit.

Die Handlung *MUTUALISACTION* findet im **Feld der Anstrengung statt** .

Übersetzung vom Slawischen - Bulgarischen Kyrillisch ins Englische:

ВЗАИМНОДЕЙСТВИЕ = MUTUALISACTION

2. DEFINITIONSBEREICH.

Es wird eine Analyse der Grundgesetze der Physik durchgeführt. Um die Analyse korrekt durchzuführen, ist es notwendig, einen geeigneten Definitionsbereich zu erstellen. Der Definitionsbereich besteht aus vier axiomatischen Prinzipien und einer philosophischen Kategorie.

Grundsätze:

1- Die Realität **existiert**.

2- Die Realität ist **reflektierend**.

3- Die Realität ist **unendlich**.

4- Die Realität ist einzigartig, einzigartig.

Philosophische Kategorie:

Das Konzept **der Einen Unendlichen Realität** ist eine philosophische Kategorie.

Erläuterungen:

- Das Konzept der **Einen Unendlichen Realität** ist eine philosophische Kategorie, die dazu dient, die Einheit von Bewusstsein und Materie zu bezeichnen.

-Existenz ist eine eigenständige Kategorie der Wissenschaftsphilosophie. Nicht-Philosophen stellen die Kategorie der Existenz der Kategorie der Nichtexistenz meist antagonistisch entgegen. Normalerweise wird darauf geantwortet, dass das, was nicht existiert, nichts genannt wird. Der nächste Schritt besteht darin, die Kategorien **Nothing** und **Something zu analysieren**. Die Analyse dieser beiden Kategorien ist äußerst schwierig und die Schlussfolgerungen sind falsch.

In der von mir vorgelegten Hypothese steht **die Existenz** nicht im Gegensatz zur Nichtexistenz. Existenz ist eine zusätzliche Kategorie zur **Reflexionskategorie**.

Existenz und **Reflexion** sind ein Kategorienpaar.

In der von mir vorgelegten Hypothese wurden den Kategorienpaaren der Hegelschen Dialektik Existenz und Reflexion hinzugefügt.

Siehe Hegel, Phänomenologie des Geistes.

Siehe Todor Pawlow, „Theorie der Reflexion".

- Die Kategorie **Unendlichkeit** dient dazu, die Unendlichkeit der vorhandenen Qualitäten anzuzeigen.

- Die Kategorie **Single dient dazu, die Einzigartigkeit des Universellen** anzuzeigen.

Die Kategorie **Single** ist im System der Dialektischen Logik Hegels vorhanden.

Die Kategorie **Singular** ist Teil der drei Kategorien Hegels: **Singular** , **Besonderes** , **Allgemeines** . Siehe Hegel, Phänomenologie des Geistes.

3. ÄQUIVALENZPRINZIP.

Das Äquivalenzprinzip wurde von Albert Einstein definiert. Einstein nutzte das Äquivalenzprinzip, um die Allgemeine Relativitätstheorie zu entwickeln. Das Äquivalenzprinzip besagt:

-die schwere und die träge Masse jedes physischen Körpers gleich sind und dass:

- Die Bewegung eines Körpers mit Beschleunigung in einem Gravitationsfeld entspricht einer gleichmäßigen geradlinigen Bewegung .

Dies sind zwei wichtige Tatsachen, die in den Grundlagen der Allgemeinen Relativitätstheorie liegen. Ich werde diese beiden Fakten anhand von Zahlen erklären. Ich erkläre zunächst die Gleichheit von schwerer und träger Masse.

Siehe Abbildung 1.

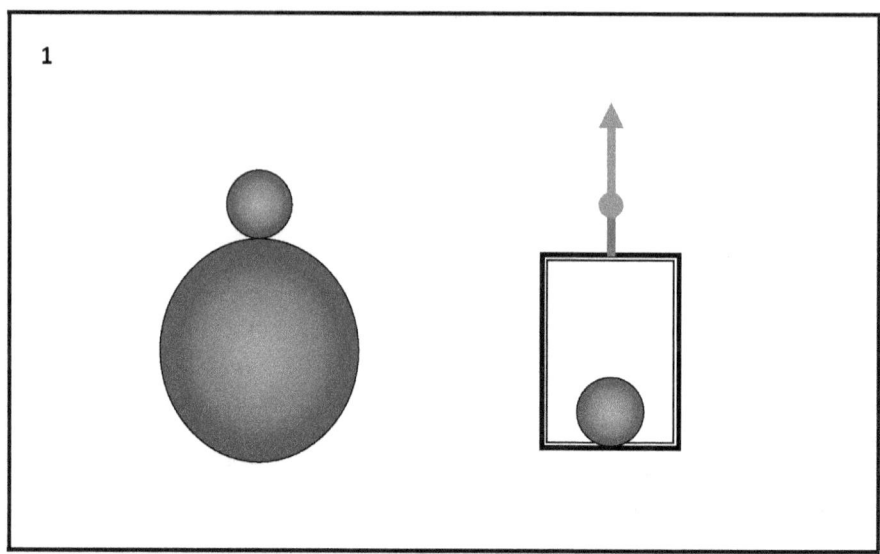

Im linken Teil von Abbildung 1 sind zwei kleine und große Kugeln dargestellt. Die kleine Kugel wird auf die große Kugel gelegt. Im rechten Teil von Abbildung eins ist ein Aufzug zu sehen, und noch einmal die gleiche kleine Kugel, die unten im Aufzug platziert ist.

Der Aufzug und die kleine Kugel befinden sich im Weltraum, wo keine Gravitationskräfte wirken.

Die große Kugel ist der Planet Erde. Die kleine Kugel ist ein Testkörper, der sich auf der Oberfläche des Planeten Erde befindet. Die kleine Kugel hat ein gewisses Gewicht, das als **schwere Masse bezeichnet wird** . Die kleine Kugel, die sich auf der Oberfläche des Planeten Erde befindet, ist genau die gleiche wie die kleine Kugel, die unten im Aufzug platziert ist. Der Aufzug ist an einem braunen Seil befestigt. Am Ende des braunen Seils wirkt eine rote Kraft, die den Aufzug in die gezeigte Richtung zieht. Die auf das Ende des Seils ausgeübte Kraft ist so groß, dass sich der Aufzug mit einer Beschleunigung von neun ganzen und acht Zehntel Metern pro Quadratsekunde bewegt. Wenn sich der Aufzug in die gezeigte Richtung mit einer Beschleunigung von neun ganzen acht Zehntelmetern pro Quadratsekunde bewegt, hat die kleine Kugel am Boden des Aufzugs Gewicht. Dieses Gewicht wird **als träge Masse bezeichnet**.

Die schwere Masse der kleinen Kugel, die sich auf der Oberfläche des Planeten Erde befindet, ist gleich der **trägen Masse** der kleinen Kugel, die sich am Boden des Aufzugs befindet.

Siehe Abbildung 2.

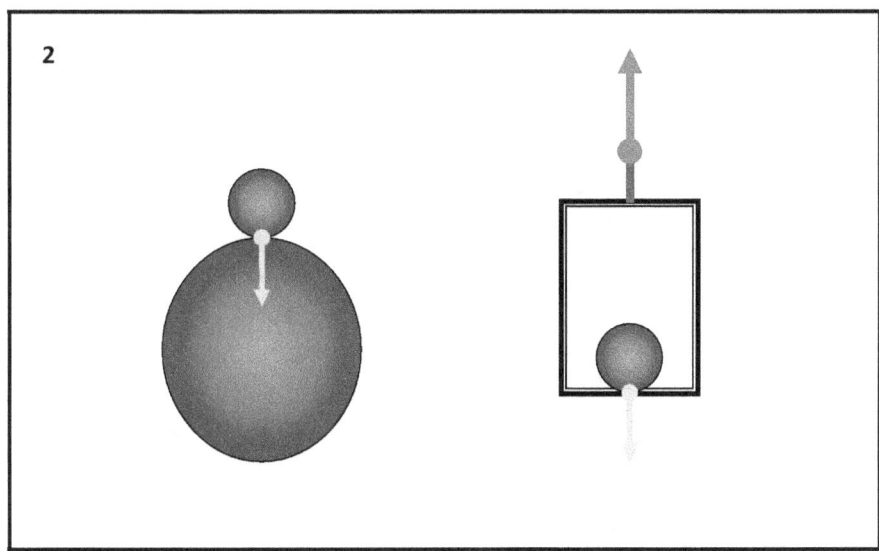

schweren Masse auf die Erdoberfläche drückt. Der grüne Pfeil ist die Druckkraft. Dargestellt ist die kleine Kugel im Aufzug, die durch ihre **träge Masse** den Boden des Aufzugs drückt. Der grüne Pfeil unter dem Lift zeigt das Ausmaß und die Richtung des Schubs an. Die beiden kleinen Kugeln sind gleich, die Länge der grünen Pfeile ist gleich, was bedeutet, dass **die Schwerkraft und die träge Masse** der kleinen Kugel gleich sind.

Der Grund für die Gleichheit der **schweren und trägen Massen** ist die Tatsache, dass die Erdbeschleunigung neun ganze acht Zehntel Meter pro Sekunde im Quadrat beträgt und die Beschleunigung, mit der sich der Aufzug in vertikaler Richtung bewegt, ebenfalls gleich ist neun ganze acht Zehntel Meter, pro Sekunde pro Quadrat.

Kurz gesagt, **die schwere Masse** ist immer gleich der **trägen Masse**.

Wir können die Gleichheit von schwerer Masse und träger Masse überprüfen. Wir verwenden zwei genaue Waagen.

Siehe Abbildung 3.

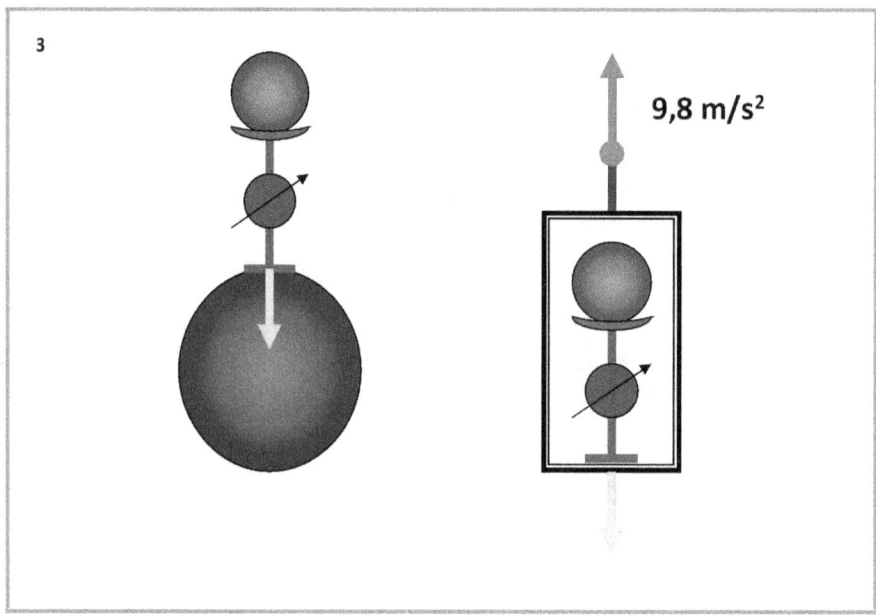

Abbildung 3 zeigt zwei identische Maßstäbe. Die Waage verfügt über ein blaues Display zur Gewichtsablesung, einen braunen Standfuß und eine braune Auflageplatte.

Schauen Sie sich die linke Seite des Bildes an. Die Basis der Waage befindet sich auf der Erdoberfläche. Über der Skala befindet sich die kleine Kugel. Der schwarze Pfeil zeigt das Gewicht der kleinen Kugel an. Eine auf der Erdoberfläche angebrachte Waage misst **die schwere Masse** der kleinen Kugel.

Die gleiche Skala befindet sich unten am Aufzug. Die kleine Kugel wird auf die Waage gelegt. Der schwarze Pfeil zeigt das Gewicht der kleinen Kugel an. Die Waage im Aufzug misst **die träge Masse** der kleinen Kugel. Schwarze Pfeile auf beiden Waagen zeigen gleiches Gewicht an. **Die schwere Masse** der kleinen Kugel ist gleich **der trägen Masse** der kleinen Kugel. Die Basen beider Schuppen drücken gleichmäßig nach unten. Die beiden grünen Pfeile unterhalb der Schuppenbasis sind gleich lang.

Die zweite wichtige Tatsache im Äquivalenzprinzip ist:

- Die Bewegung eines Körpers mit Beschleunigung in einem Gravitationsfeld entspricht einer gleichmäßigen geradlinigen Bewegung .

Um diesen Sachverhalt zu erklären, führen wir ein Gedankenexperiment mit einem Aufzug und einem Passagier durch, der sich mit dem Aufzug fortbewegt. Leider reißt irgendwann das Seil.

Siehe Abbildung 4.

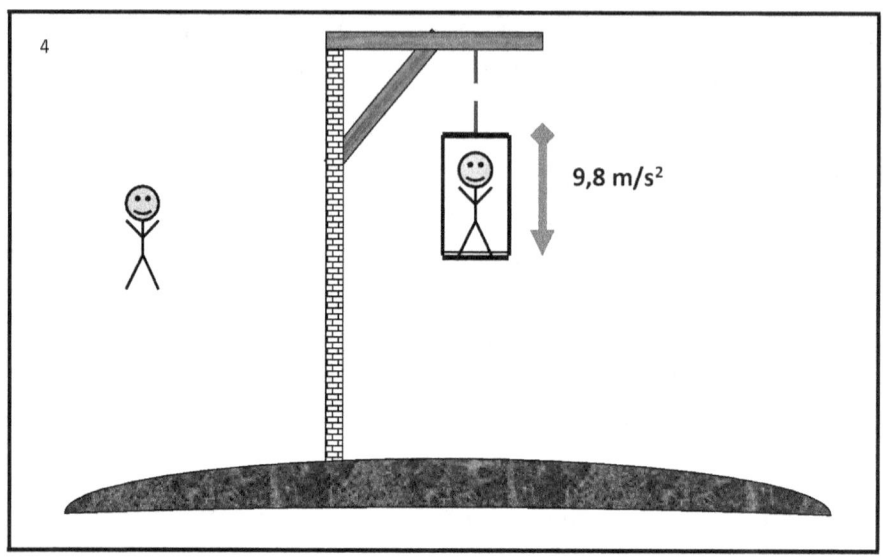

In Abbildung 4 ist ein Teil der Erdoberfläche dargestellt, eine starke vertikale Stütze, auf der ein horizontaler Balken befestigt ist. Der Aufzug ist am Träger angeseilt. Das Seil ist gerissen. Für unsere Betrachtung ist es unerheblich, ob sich der Aufzug zum Zeitpunkt des Seilrisses in Bewegung oder im Ruhezustand befand. Wichtig ist, dass der Aufzug beginnt, in Richtung Erdoberfläche zu fallen, und dass er sich mit einer Beschleunigung von neun ganzen acht Zehntelmetern pro Quadratsekunde bewegt. Der Grund für dieses Absinken mit der Beschleunigung liegt darin, dass sich der Aufzug und der darin befindliche Passagier im Gravitationsfeld der Erde befinden und die Wirkung der Anziehungskraft der Erde erfahren. Der Aufzug hat keine Fenster und der Fahrgast im Aufzug kann nicht erkennen, dass er sich mit Beschleunigung bewegt. Der Passagier im Aufzug befindet sich in einem Zustand der Schwerelosigkeit. Der Passagier im Aufzug wird davon überzeugt sein, dass er sich in einem Ruhezustand oder einer gleichmäßigen geradlinigen Bewegung befindet und keine Kräfte auf ihn einwirken, die eine Beschleunigung verursachen. Ein zweiter Beobachter befindet sich außerhalb des Aufzugs und sieht, dass sich der Aufzug mit Beschleunigung bewegt. Der Beobachter außerhalb des Aufzugs kann den Fahrgast im Aufzug nicht davon überzeugen, dass er sich mit Beschleunigung in Richtung Erdoberfläche bewegt.

Es sei darauf hingewiesen, dass Einstein ähnliche Gedankenexperimente mit Aufzügen durchgeführt hat, um die Natur von Trägheits- und Nicht-Trägheitsbezugssystemen zu klären. Diese Gedankenexperimente halfen Einstein bei der Definition des Äquivalenzprinzips.

Einstein nutzte **das Äquivalenzprinzip** , um die Allgemeine Relativitätstheorie zu entwickeln.

Die Allgemeine Relativitätstheorie ist eine Theorie von Zeit und Raum. Die Allgemeine Relativitätstheorie zeigt, was die Gesetze der Mechanik sind und wie die Gesetze der Mechanik in nicht trägen Bezugssystemen funktionieren. Nichtinertiale Bezugssysteme sind solche Koordinatensysteme, die sich in einem Bewegungszustand mit Beschleunigung befinden. Die moderne Physik und Einstein behaupten, dass beschleunigte Bewegung absolut ist und sich daher von relativer Bewegung unterscheidet. Der Unterschied zwischen absoluter Bewegung mit Beschleunigung einerseits und relativer gleichförmiger Bewegung andererseits ist ein sehr großes Problem, das die Erstellung der Allgemeinen Relativitätstheorie nicht zulässt. Das Problem wird durch das Äquivalenzprinzip gelöst

Die Gesetze der relativen gleichförmigen Bewegung sind ein Prinzip der Speziellen Relativitätstheorie. Aus der Geschichte der Physik wissen wir, dass Einstein zuerst die Spezielle Relativitätstheorie und dann die Allgemeine Relativitätstheorie entwickelte.

Die Spezielle Relativitätstheorie ist wie die Allgemeine Relativitätstheorie eine Theorie von Zeit und Raum. Aber im Gegensatz zur Allgemeinen Relativitätstheorie zeigt die Spezielle Relativitätstheorie, was die Gesetze der Mechanik sind und wie sie funktionieren, und zwar in trägen Bezugssystemen. Inertiale Bezugssysteme sind solche Koordinatensysteme, die sich im Ruhezustand oder im Zustand gleichmäßiger geradliniger Bewegung befinden.

Am 11. Juli 1923 hielt Albert Einstein in Göteborg vor dem Treffen der Naturwissenschaftler aus den nordischen Ländern eine Rede zum Thema: „Grundgedanken und Probleme der Relativatatstheorie".

Der Bericht wurde im Buch „Les Prix Nobel en 1921-1922" veröffentlicht, Stockholm, Imprimerie Royale, PA Norstedt & Soner.

In diesem Bericht sagt Einstein:

„**In der klassischen Mechanik ist die Unterscheidung zwischen beschleunigten und unbeschleunigten Bewegungen absolut. Abhängig von der Wahl des Inertialsystems gibt es nur relative Geschwindigkeiten, und Beschleunigungen und Rotationen sind absolut, unabhängig von der Wahl des Inertialsystems."**

Vor mehr als hundert Jahren machte Einstein die Forscher auf den wesentlichen Unterschied zwischen relativer und absoluter Bewegung aufmerksam. Der Unterschied zwischen absoluter und relativer Bewegung ist ein Hindernis für die Erstellung einer Allgemeinen Relativitätstheorie. Einstein versuchte das Problem zu lösen, indem er absolute Bewegung mit Beschleunigung mit relativer Bewegung mit konstanter Geschwindigkeit gleichsetzte. Philosophisch gesehen ist das ein Fehler. Einstein hätte den umgekehrten Weg gehen sollen, nämlich die relative Bewegung mit konstanter Geschwindigkeit mit der absoluten Bewegung mit konstanter Beschleunigung gleichzusetzen. Damit dies geschieht, muss Einstein die relative

Bewegung mit konstanter Geschwindigkeit durch eine absolute Bewegung mit konstanter Beschleunigung darstellen, zeigen und ausdrücken.

Einstein nutzte das Äquivalenzprinzip, um absolute Bewegung und Beschleunigung, ein Prinzip der Allgemeinen Relativitätstheorie, mit relativer Bewegung gleichzusetzen, ein Prinzip der Speziellen Relativitätstheorie.

Das sagt Einstein im Buch „Evolution of Ideas in Physics":

„**Echte relativistische Physik muss für alle Koordinatensysteme gelten, und daher auch für den Sonderfall eines Inertialkoordinatensystems.**" Die neuen **verallgemeinerten** Gesetze , die für alle Koordinatensysteme gelten , **müssen** reduziert werden nach **den bekannten alten Gesetzen** , **im Sonderfall** eines Inertialsystems."

Der blaue Text lautet:

"Die neuen Gesetze , die für alle Koordinatensysteme **gelten** , **werden** reduziert Zu Gesetze **eines** Inertialsystems."

Laut Einstein gelten **die neuen Gesetze der Physik** in Koordinatensystemen, die sich mit Beschleunigung bewegen.

Das Äquivalenzprinzip wird genutzt, um eine absolute Bewegung in eine relative Bewegung umzuwandeln, aber das reicht nicht aus. Eine weitere sehr wichtige Tatsache wird genutzt.

Ein Trägheitskoordinatensystem, das in ein Gravitationsfeld eintritt, beginnt sich mit Beschleunigung zu bewegen, aber für die Beobachter, die sich in diesem Trägheitskoordinatensystem befinden, ändert sich nichts.

Beobachter spüren die Bewegung mit Beschleunigung nicht.

Beobachter sind davon überzeugt, dass ihr Koordinatensystem weiterhin träge ist und sich weiterhin gleichmäßig und geradlinig bewegt.

Das sagt Einstein im Buch „Evolution of Ideas in Physics":

„Aber für eine solche Beschreibung müssen wir die Schwerkraft berücksichtigen und sozusagen die Brücke bauen, die es ermöglicht, von einem Koordinatensystem in ein anderes zu gelangen. Das Gravitationsfeld existiert für den äußeren Beobachter, aber es existiert nicht für den inneren Beobachter."

Und dann:

„Aber die Brücke, also das Gravitationsfeld, das die Beschreibung in zwei verschiedenen Koordinatensystemen ermöglicht, ruht auf einer ganz wichtigen Säule: der Gleichheit von schwerer und träger Masse. Ohne diesen Leitfaden, der in der klassischen Mechanik unbeachtet geblieben ist, wäre unsere heutige Überlegung völlig falsch."

Die Gleichheit von schwerer und träger Masse und die Bewegung eines trägen Bezugssystems in einem Gravitationsfeld sind zwei von Einsteins wunderbaren Ideen. Einstein nutzte diese beiden Ideen, um die absolute Bewegung mit Beschleunigung auf eine relative Trägheitsbewegung zu reduzieren. Dies ist der Weg, den Einstein eingeschlagen und so die Allgemeine Relativitätstheorie geschaffen hat.

Aus philosophischer Sicht wird Einsteins Methode ernsthaft kritisiert. Einstein hätte genau das Gegenteil tun sollen, nämlich versuchen, die relative Trägheitsbewegung auf eine absolute

Bewegung mit Beschleunigung zu reduzieren.

In der Hypothese, die ich vorstelle, werden Sie und ich genau das tun.

Zu diesem Zweck werden wir grundlegende physikalische Gesetze analysieren und Rückschlüsse auf das Wesen dieser Gesetze ziehen.

4. NEWTONS ERSTES GESETZ.

Im Jahr 1868 veröffentlichte Newton das Buch

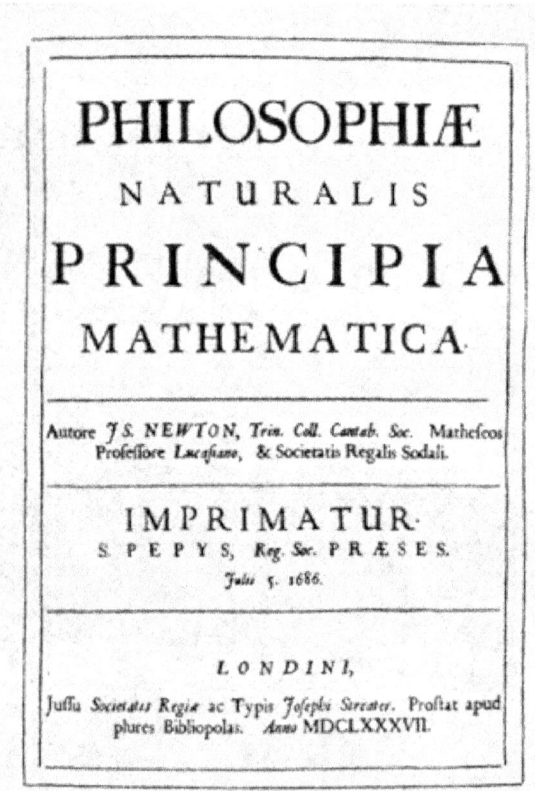

in dem die Grundgesetze der Physik definiert werden. Der Titel des Buches:

PHILOSOPHIAE NATURALIS PRINCIPIA MATHEMATICA

wird wie folgt ins slawisch-bulgarische Kyrillisch übersetzt:

> „Математически принципи на физиката"

Newtons Gesetze werden in der Schule studiert und sind als „Newtons drei Gesetze" bekannt.

Im Lateinischen lautet Newtons erstes Gesetz wie folgt:

> „Corpus omne perseverare in statu suo quiescendi vel movendi uniformiter in directum, nisi quatenus illud a viribus impressis cogitur statum suum mutare"

Die Übersetzung aus dem Lateinischen ins slawisch-bulgarische Kyrillisch lautet wie folgt:

> „Всяко тяло продължава да запазва своето състояние на покой или равномерно праволинейно движение, докато и доколкото, то не е принудено да промени това състояние, от приложените сили"

Die Übersetzung vom Lateinischen ins Englische wird höchstwahrscheinlich so geschrieben:

> "Every body continues to be held in its state of rest, or uniform and rectilinear motion, until and insofar as it is compelled by applied forces to change this state."

Vom Lateinischen ins Russische gibt es in dem Buch eine Übersetzung des Akademiemitglieds Krylov:

> ИСААК НЬЮТОН
>
> «МАТЕМАТИЧЕСКИЕ НАЧАЛА НАТУРАЛЬНОЙ ФИЛОСОФИИ»
>
> ПЕРЕВОД С ЛАТИНСКОГО И КОММЕНТАРИИ А.Н. КРЫЛОВА

Die Übersetzung auf Russisch lautet wie folgt:

> "Всякое тело продолжает удерживаться в своем состоянии покоя или равномерного и прямолинейного движения, пока и поскольку оно не понуждается приложенными силами изменять это состояние"

Newtons erstes Gesetz:

„Jeder Körper behält weiterhin seinen Ruhezustand oder seine

gleichförmige geradlinige Bewegung bei, bis und soweit er durch aufgebrachte Kräfte gezwungen wird, diesen Zustand zu ändern."

Ganz bewusst zeige ich die Übersetzung aus dem Lateinischen, in unterschiedlichen Schriften.

Der Grund dafür ist, dass das, was Newton sagt, sehr wichtig ist. Die Art, wie er es sagt, ist wichtig.

Nämlich:

Newtons erstes Gesetz besteht aus zwei Teilen. Der erste Teil des Newtonschen Gesetzes bestimmt den Zustand des Körpers in Raum und Zeit, wenn keine **„Kraft" auf den Körper ausgeübt wird** . Newton behauptete, dass **es keine Wirkung** auf den Körper hat **Bei „angewandter Kraft"** ist der mögliche Zustand des Körpers entweder Ruhe oder eine gleichmäßige geradlinige Bewegung. Newton erklärt nicht, wie Ruhe oder Bewegung entsteht. Für Newton ist die Tatsache wichtig, dass diese beiden Zustände sowohl zeitlich als auch räumlich konstant bleiben. Die Methode zum Speichern beider Zustände ist die gleiche. Dies bedeutet, dass der Grund für die Aufrechterhaltung des Ruhezustands oder des Bewegungszustands derselbe ist. Wenn **der Grund für die Erhaltung** dieser beiden unterschiedlichen Zustände derselbe ist, wird das Entfernen des Grundes für die Erhaltung den Rest oder die Bewegung in gleicher Weise verändern.

Wir müssen uns daran erinnern, dass der spezifische Grund für die Erhaltung von Ruhe oder Bewegung laut Newton **das Fehlen** einer **„angewandten Kraft"** ist.

Einwirkung **einer „angewandten Kraft"** der Ruhe- oder Bewegungszustand ändert. Auf diese Weise bestätigt Newton die Tatsache, dass **der Grund für die Aufrechterhaltung** des Ruhe- oder Bewegungszustands **das Fehlen der Wirkung**

„angewandter Kraft" ist .

Newtons erstes Gesetz legte den Grundstein für die Wissenschaft der Physik. Aus philosophischer Sicht wurde Newtons erstes Gesetz heftig kritisiert. Kritik bezieht sich auf das Wesen des Bewegungsphänomens und das Wesen des Ruhephänomens:

Das erste Newtonsche Gesetz unterscheidet nicht zwischen dem Ruhezustand eines Körpers und dem Zustand gleichmäßiger geradliniger Bewegung desselben Körpers. Um es kurz und anschaulich auszudrücken: Nach dem ersten Newtonschen Gesetz ist der Ruhezustand identisch mit dem Bewegungszustand, vorausgesetzt, die Bewegung ist gleichmäßig und geradlinig.

In der Wissenschaft und Philosophie sind das Phänomen der Bewegung und das Phänomen der Ruhe grundsätzlich unterschiedlich, und diese Phänomene haben unterschiedliche Wesen. Die Identität dieser grundlegend unterschiedlichen Phänomene stellt die gesamte moderne Physik vor Probleme. Diese Probleme können in verschiedenen Bereichen der Physik spezifiziert werden. Ein typisches Beispiel hierfür ist die Spezielle Relativitätstheorie. Es geht um das Paradoxon der Zwillinge. Das von Einstein definierte Zwillingsparadoxon besagt, dass, wenn sich einer von zwei Zwillingen gleichmäßig und geradlinig relativ zum anderen Zwilling bewegt, der sich bewegende Zwilling langsamer altert, weil die Zeit **langsamer wird.** Der einzige Grund für die Zeitverzögerung ist die Tatsache, dass sich dieser Zwilling relativ zum anderen Zwilling in einem Zustand der Relativbewegung befindet. Diese Hypothese ist lustig, interessant, paradox, leicht zu merken und weckt bei einem großen Teil der Leser Interesse. Aber ich möchte gleich darauf hinweisen, dass das eigentliche Paradoxon von Zwillingen nicht darin besteht, dass es einen Altersunterschied zwischen den Zwillingen gibt. Das wahre Zwillingsparadoxon besteht darin, dass jeder Zwilling behaupten kann, langsamer zu altern und jünger zu bleiben, während der andere schneller altert. Der Grund für dieses Missverständnis ist Newtons erstes Gesetz. Ich betone noch einmal, dass das erste Newtonsche Gesetz nicht zwischen dem Ruhezustand und dem Zustand gleichmäßiger geradliniger Bewegung unterscheidet.

Siehe Abbildung 5.

In Abbildung 5 sind zwei Zwillinge und eine Plattform dargestellt. Die Plattform hat Räder und ist beweglich. Der Zwilling, der sich auf der rechten Seite der Figur befindet, ist auf die Plattform getreten. Die Plattform bewegt sich zusammen mit dem Zwilling darauf gleichmäßig in einer geraden Linie und mit einer gewissen Geschwindigkeit von links nach rechts. Die Richtung und Größe der Geschwindigkeit wird durch einen blauen Pfeil angezeigt. Der Zwilling auf dem Bahnsteig sagt zum anderen:

„Ich bewege mich stetig und gerade auf dich zu und altere langsamer."

Doch der andere Zwilling, der sich auf der linken Seite der Figur befindet, widerspricht:

„Oh nein, was du sagst, ist nicht wahr, ich bewege mich auf dich zu. Ich beobachte dich aufmerksam und sehe, dass du dich mit konstanter Geschwindigkeit von mir entfernst."

Der rechte Zwilling antwortet:

„Ich befinde mich auf einer Plattform und die Räder dieser Plattform drehen sich, daher bewege ich mich relativ zu dir."

Der Streit schien also bereits zugunsten eines Zwillings beigelegt zu sein? Ja, es ist gelöst, aber die Bedingungen des Experiments werden verletzt. Wir führen ein Experiment durch, dessen Ziel darin besteht, ausschließlich die relative, gleichmäßige, geradlinige Bewegung der Zwillinge relativ zueinander zu beweisen. Die Räder der Plattform drehen sich und ihre Drehbewegung ist nicht gleichmäßig, sie ist nicht geradlinig. Nach der modernen Physik ist die Rotationsbewegung der Räder absolut und sie müssen aus dem von uns durchgeführten Experiment ausgeschlossen werden. Das Zwillingsparadoxon bezieht sich einzig und allein auf einen **Zustand relativer Bewegung mit konstanter Geschwindigkeit und in einer geraden Linie** .

Das eigentliche Experiment wird so aussehen.

Siehe Abbildung 6.

EINSTEINS DRITTER FEHLER

In Abbildung 6 sind die beiden Zwillinge und zwei Plattformen dargestellt. Die Zwillinge sind auf den Bahnsteigen. Plattformen haben keine Räder, da sie sich im Weltraum befinden. Die beiden Plattformen und die Zwillinge befinden sich in einem Zustand der Schwerelosigkeit. Die rechte Plattform bewegt sich zusammen mit dem darauf befindlichen Zwilling in einer gleichmäßigen geraden Linie. Der blaue Pfeil zeigt die Richtung der Geschwindigkeit und die Größe der Geschwindigkeit an. Es ist menschenleer, völlig leer und die Zwillinge können ihre relative Geschwindigkeit zueinander bestimmen, indem sie sich einfach gegenseitig beobachten. Unter diesen Voraussetzungen kann jeder der Zwillinge behaupten, dass er sich bewegt, während der andere ruht.

Jeder der Zwillinge kann mithilfe von Messgeräten die Relativgeschwindigkeit des anderen Zwillings ermitteln. Beispielsweise können moderne Laser-Geschwindigkeitsmesser eingesetzt werden.

Siehe Abbildung 7.

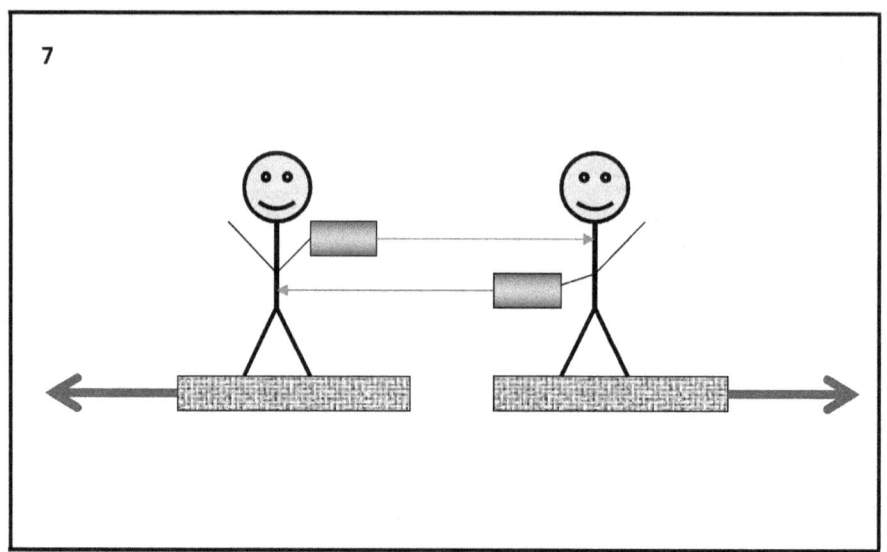

Abbildung 7 zeigt die Zwillinge mit Lasergeschwindigkeitsmessern. Die roten, dünnen Pfeile sind Laserlichtstrahlen. In diesem Fall wird gemessen, dass sich jeder Zwilling gleichmäßig und in einer geraden Linie relativ zum anderen Zwilling bewegt. Die von den Zwillingen gemessene Geschwindigkeit wird dieselbe sein, aber die Richtung der Geschwindigkeit, die sie messen, ist entgegengesetzt.

Der rechte Zwilling wird behaupten, sich von links nach rechts zu bewegen, der linke Zwilling wird behaupten, sich von rechts nach links zu bewegen.

Die beiden blauen Pfeile geben die Richtung der gemessenen Geschwindigkeit an. Die Länge der Pfeile gibt die Größe der gemessenen Geschwindigkeit an.

Achten Sie besonders darauf, dass die Größe der Pfeile gleich ist, die Richtungen jedoch diametral entgegengesetzt sind.

Unter diesen Bedingungen können die Zwillinge nicht erkennen, wer von beiden ruht und welcher in Bewegung ist. Hier ist ein weiteres Paradoxon. Wir sehen, dass das Zwillingsparadoxon aus zwei Teilen besteht, die zwei grundsätzlich unterschiedliche Paradoxien sind.

Das erste Paradoxon besteht darin, dass ein Zwilling schneller altert als der andere Zwilling. Das ist Einsteins Paradoxon.

Das zweite Paradoxon besteht darin, dass es grundsätzlich unmöglich ist zu beweisen, welcher der beiden Zwillinge ruht und welcher sich in einem Zustand gleichmäßiger geradliniger Bewegung befindet.

Aus philosophischer Sicht ist das zweite Paradoxon äußerst interessant und von besonderer Bedeutung. Man nennt es **das Paradoxon von Bewegung und Ruhe**. Das von Einstein aufgezeigte Zwillingsparadoxon ist ein Sonderfall des **Paradoxons von Bewegung und Ruhe**.

Der einzige Grund für das Auftreten und die Existenz des **Paradoxons von Bewegung und Ruhe** besteht darin, dass Newtons erstes Gesetz so definiert ist, dass es nicht zwischen dem Zustand der Ruhe und dem Zustand der gleichmäßigen geradlinigen Bewegung unterscheidet. **Das Paradoxon von Bewegung und Ruhe** ist wie ein böser Dämon, der in den Grundlagen der modernen Physik lebt. Dieser Dämon beeinflusst die gesamte menschliche Wissenschaft.

5 . NEWTONS ZWEITES GESETZ.

Im Lateinischen lautet das zweite Newtonsche Gesetz wie folgt:

„Mutationem motus proportionalem esse vi motrici impressae et fieri secundum lineam rectam qua visilia imprimitur".

Im slawisch-bulgarischen Kyrillisch:

„Изменението на количеството на движение, е пропорционално на приложената движеща сила и се извършва по тази права по която тази сила действа"

Auf Englisch:

> "The change in momentum is proportional to the applied driving force and occurs in the direction of the straight line along which this force acts"

Auf Russisch:

> „Изменение количества движения пропорционально приложенной движущей силе и происходит по направлению той прямой, по которой эта сила действует"

Newtons zweites Gesetz:

„Die Änderung des Bewegungsbetrags ist proportional zur aufgebrachten Antriebskraft und erfolgt entsprechend dem Recht, auf das diese Kraft einwirkt."

In seinem Hauptwerk Philosophiae Naturalis Principia Mathematica definierte Newton das zweite Hauptgesetz der Physik, in dem er die Beziehung zwischen physikalischen Größen aufzeigte. Die erste Größe ist **das Ausmaß der Bewegung**, die zweite Größe ist **die aufgebrachte Antriebskraft**. Der Zusammenhang zwischen dem **Ausmaß der Bewegung** und dem Ausmaß der **aufgebrachten Antriebskraft** wird auf zwei spezifische Phänomene reduziert.

Das erste Phänomen ist **die Proportionalität** zwischen dem Ausmaß der Bewegung und der ausgeübten Kraft.

Das zweite Phänomen ist **eine Änderung des**

Bewegungsumfangs .

Newton bedeutet, dass das Ausmaß der Bewegung direkt proportional zur Kraft und direkt proportional zur Antriebskraft ist.

So wie es ausgedrückt wird, zeigt das zweite Hauptgesetz der Physik, dass für Newton die **angewandte Antriebskraft** das Phänomen ist, das das Phänomen der **Impulsänderung verursacht** . Beachten Sie die Tatsache, dass es auf diese Weise auf das Vorhandensein von vier verschiedenen physikalischen Größen hinweist.

Die erste ist die ausgeübte Kraft.

Der zweite ist eine treibende Kraft.

Der dritte Faktor ist die Menge an Bewegung.

Die vierte ist eine Änderung des Bewegungsumfangs.

Die neuen physikalischen Größen sind vier, aber für Newton ist das Wichtigste, dass **die Kraft die Änderung** des Bewegungsbetrags bewirkt . Diese Tatsache wird im zweten Teil der Definition des physikalischen Gesetzes in lateinischer Sprache bestätigt:

> "...et fieri secundum lineam rectam qua visilia imprimitur".

Auf Slawisch-Bulgarisch-Kyrillisch :

> „...и се извършва по тази права по която тази сила действа".

Auf Englisch:

> „...and occurs in the direction of the straight line along which this force acts"

Auf Russisch:

> „...и происходит по направлению той прямой, по которой эта сила действует"

Übersetzung aus dem slawisch-bulgarischen Kyrillisch in eine andere Sprache:

> „...**und es geschieht durch das Recht, aufgrund dessen diese Macht handelt**."

Newton sagt kurz und deutlich, dass **die Änderung** des Bewegungsumfangs geradlinig erfolgt und eine Richtung hat. Die Richtung der Änderung des Bewegungsbetrags stimmt mit der Richtung der wirkenden Kraft überein. Trotzdem ist es äußerst wichtig.

Newtons Definition ist perfekt. Ich sage das, weil in der modernen Physik Newtons Definition anders dargestellt wird und die Perfektion verschwindet.

In der modernen Physik wird das zweite Newtonsche Gesetz wie folgt geschrieben:

„**Kraft ist gleich dem Produkt aus der Masse des Körpers mal der Beschleunigung des Körpers.**"

Auf diese Weise definiert, stößt Newtons zweites Gesetz aus wissenschaftsphilosophischer Sicht auf ernsthafte Kritik. Die philosophische Kritik bezieht sich auf die Unterordnung der drei physikalischen Größen, die drei verschiedene Phänomene in der Einen Unendlichen Realität darstellen.

Die drei Phänomene sind: Kraft, Masse, Beschleunigung.

Siehe Abbildung 8.

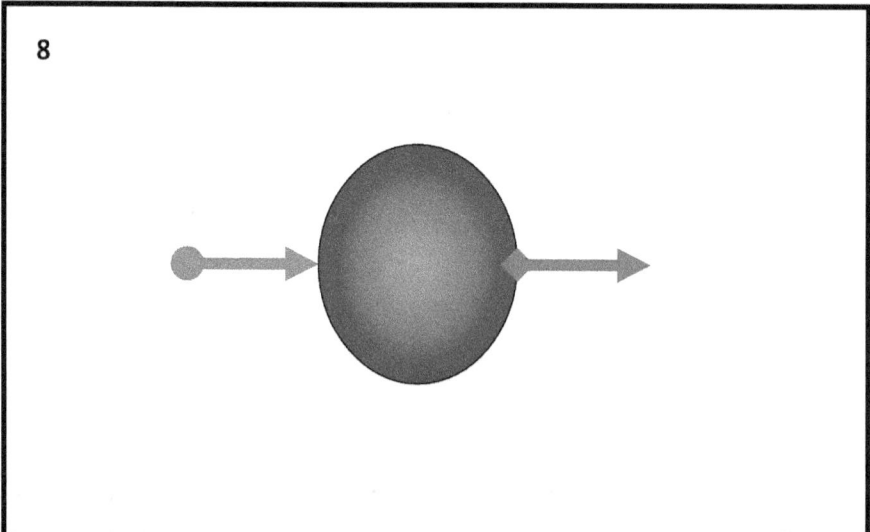

In Abbildung 8 ist eine Kugel dargestellt, die eine bestimmte Masse hat. Auf die Größe der Masse im konkreten Fall kommt es nicht an. Auf die Kugel wird eine Kraft ausgeübt. Die Kraft wird mit einem roten Pfeil angezeigt. Die Länge des roten Pfeils gibt die Größe der Kraft an. Unter der Wirkung der roten Kraft bewegt sich die Kugel mit Beschleunigung. Die Beschleunigung wird mit einem grünen Pfeil angezeigt. Die Länge des grünen Pfeils gibt die Größe der Beschleunigung an. Die Größe der auf die Kugel wirkenden Kraft kann sehr unterschiedlich sein. Wenn wir die doppelte Kraft anwenden, ist die Beschleunigung der Kugel doppelt so groß.

Siehe Abbildung 9.

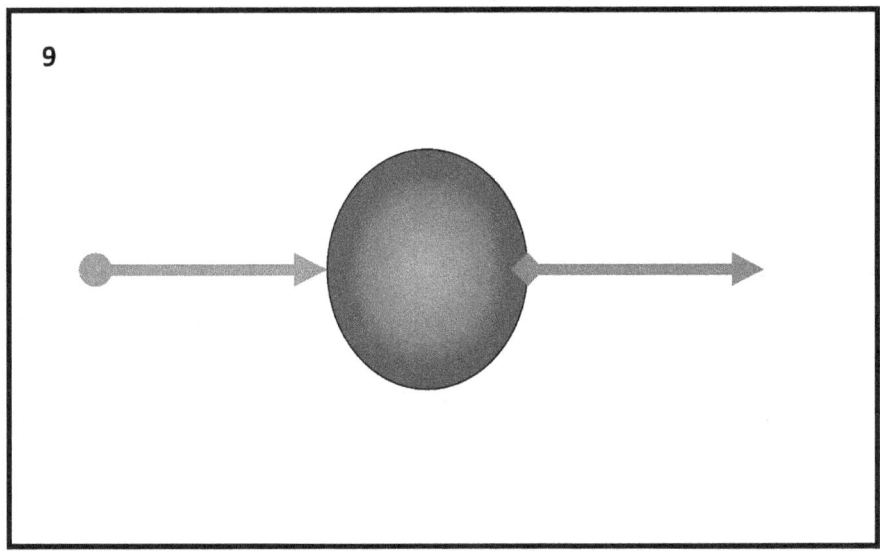

In Abbildung 9 wird gezeigt, dass die rote Kraft doppelt so groß ist im Vergleich zur Kraft in Abbildung vier, dann ist auch die Beschleunigung doppelt so groß. Der in Abbildung fünf gezeigte grüne Pfeil ist doppelt so groß wie der grüne Pfeil in der vorherigen Abbildung vier.

Wir können auch die Größe der Kugel ändern. Wenn wir die doppelte Größe der Kugel verwenden und die Größe der Kraft nicht ändern, ist die Beschleunigung doppelt so klein.

Siehe Abbildung 10.

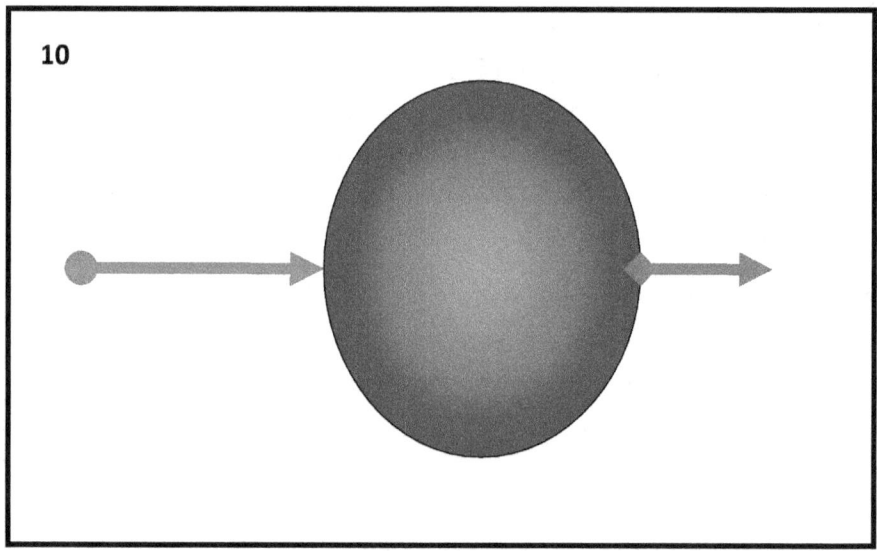

In Abbildung 10 ist eine doppelt so große Kugel dargestellt, die doppelt so schwer ist. Die rote Kraft ändert sich nicht, aber die Beschleunigung, die der grüne Pfeil darstellt, ist im Vergleich zur vorherigen Abbildung fünf doppelt so klein.

Wir sind in der Lage, vielfältige Kombinationen zwischen Kraft, Kugelgewicht und Kugelbeschleunigung herzustellen. Alle möglichen Kombinationen zwischen diesen drei physikalischen Größen stimmen mit dem zweiten Newtonschen Gesetz überein, wie es in der modernen Physik dargestellt wird, nämlich:

Die Kraft ist gleich dem Produkt aus der Masse der Kugel mal der Beschleunigung der Kugel.

Die philosophische Frage zu Newtons zweitem Gesetz lautet:

Welche dieser drei physikalischen Größen ist primär?

Verschiedene Antworten sind möglich.

Die erste der möglichen Antworten ist, dass die Macht primär ist. Denn wenn wir eine Kugel beobachten, auf die keine Kraft einwirkt, bewegt sich die Kugel nicht mit Beschleunigung, sondern ruht. Wir üben eine Kraft auf die Kugel aus, woraufhin eine Beschleunigung der Kugel auftritt. Daher muss zuerst die Kraft auftreten, damit als zweites die Beschleunigung auftritt. Durch Kraft entsteht eine Beschleunigung.

Aber hier stellt die Philosophie sofort die nächste Frage, nämlich:

Wie entsteht Macht?

Die Antwort lautet: Damit eine Kraft entsteht, die auf die Kugel einwirken kann, ist eine gewisse Bewegung notwendig. Die Bewegung kann gleichmäßig geradlinig oder beschleunigend sein. Es könnte sich um eine andere Kugel handeln, die sich gleichmäßig geradlinig oder mit Beschleunigung auf die Kugel zubewegt, mit der wir experimentieren.

Siehe Abbildung 11.

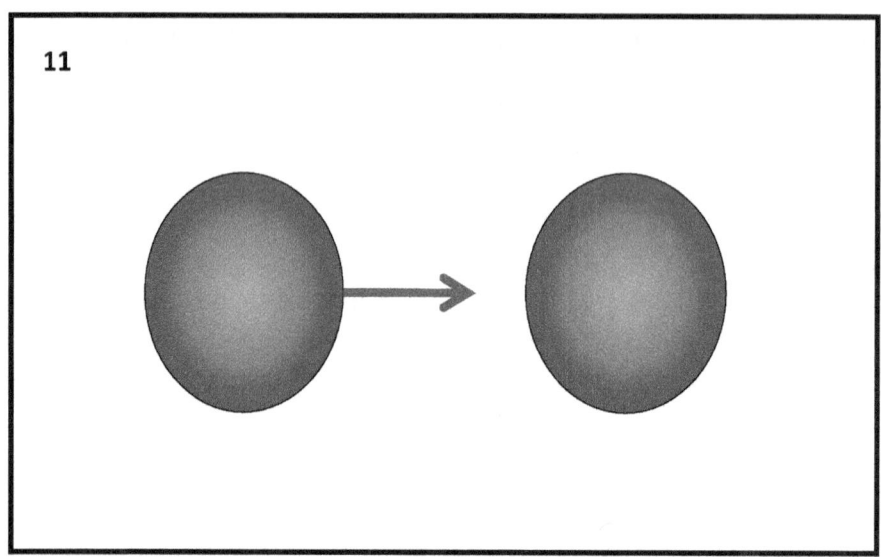

In Abbildung 11 sind zwei Kugeln dargestellt. Der Rechte ruht. Die linke Kugel bewegt sich mit einiger Geschwindigkeit nach rechts. Die Richtung der Geschwindigkeit und die Größe der Geschwindigkeit werden durch einen blauen Pfeil angezeigt.

Siehe Abbildung 12.

EINSTEINS DRITTER FEHLER

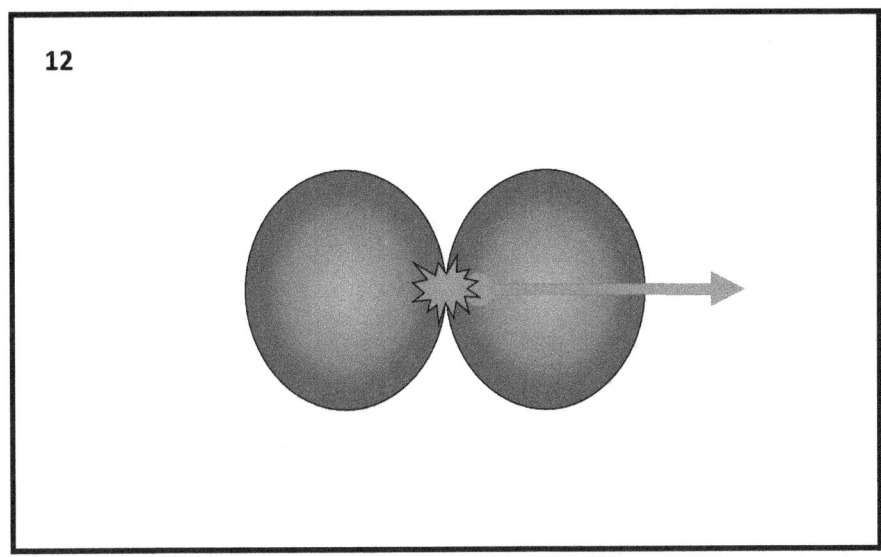

In Abbildung 12 ist der Einfluss zwischen den beiden Sphären dargestellt. Im Moment des Aufpralls kommt es zu Beschleunigungen zwischen den Atomen, aus denen die Kugeln bestehen. Der rote Burst zeigt die Beschleunigungen, die auf Quantenebene auftreten. Diese Beschleunigungen erzeugen die Kraft, die die Kugel, mit der wir Experimente durchführen, anzuschieben beginnt.

Aber vielleicht ist die Beschleunigung das Wichtigste?

Wir dürfen jedoch nicht vergessen, dass für eine Beschleunigung immer eine Krafteinwirkung erforderlich ist, die auf einen Körper mit einer gewissen Masse ausgeübt wird. Dann können wir daraus schließen, dass Beschleunigung nicht ursprünglich ist.

Eine dritte mögliche Antwort ist, dass die Masse der Kugel eine primäre physikalische Größe ist. Denn wenn wir die Masse der Kugel ändern, aber die Größe der wirkenden Kraft beibehalten, ändert sich die Beschleunigung. Wir können daraus schließen, dass die Änderung der Masse der Kugel die Ursache für die Änderung der Beschleunigung ist.

Aber um die beschleunigende Bewegung der Kugel mitzuerzeugen, ist die Einwirkung einer Kraft notwendig. Wenn keine Kraft wirkt, bewegt sich die Kugel nicht mit Beschleunigung.

Es entsteht ein geschlossener Kreis. Jede dieser physikalischen Größen ist die Ursache für das Auftreten der beiden anderen, und dies geschieht durch eine streng nachgewiesene physikalische Abhängigkeit. Diese physikalische Abhängigkeit wird Newtons zweites Gesetz genannt.

Die moderne Physik ist nicht in der Lage zu bestimmen, welche dieser drei physikalischen Größen primär ist. Wenn der Vorrang einer der drei Größen nachgewiesen ist, ist dies der Grund für das Auftreten der beiden anderen physikalischen Größen. Dies ist vorerst noch nicht geschehen.

Dies ist ein ernstes Problem der modernen Physik, das die gesamte menschliche Wissenschaft betrifft.

Der Grund für dieses Problem liegt darin, dass die moderne Definition des zweiten Newtonschen Gesetzes von der ursprünglichen Definition abweicht, die Newton vorgeschlagen hat. Zu Beginn dieses Kapitels habe ich gezeigt, dass nach Newton:

Durch die „**aufgebrachte Antriebskraft**" kommt es zu einer „**Änderung**" des „**Bewegungsumfangs**".

Dies ist sehr wichtig und muss beachtet werden.

6. NEWTONS DRITTES GESETZ.

Newtons drittes Gesetz in lateinischer Sprache:

„Actioni contrariam semper et aequalem esse reactionem: sive corporum duorum actiones in se mutuo semper esse aequales et in partes contrarias dirigi"

Geschrieben in Slawisch-Bulgarisch, Kyrillisch:

„Действието винаги е равно и противоположно на противодействието, иначе казано взаимодействията на две тела, едно върху друго, по между си, са равни и са насочени в противоположни посоки"

Auf Russisch geschrieben:

„Действию всегда есть равное и противоположное противодействие, иначе — взаимодействия двух тел друг на друга между собою равны и направлены в противоположные стороны".

In Englisch geschrieben:

> „An action always has an equal and opposite reaction, otherwise the interactions of two bodies against each other are equal and directed in opposite directions".

Aus dem slawisch-bulgarischen Kyrillisch in eine andere Sprache übersetzt:

„Die Wirkung ist immer gleich und der Gegenwirkung entgegengesetzt, mit anderen Worten, die Wechselwirkungen zweier Körper aufeinander, untereinander sind gleich und in entgegengesetzte Richtungen gerichtet."

Das Gesetz ist prägnant und klar definiert.

Aus philosophischer Sicht wurde Newtons drittes Gesetz heftig kritisiert.

Es gibt keine einschränkenden Bedingungen in der Definition des Gesetzes. Einschränkende Bedingungen geben an, wann das Gesetz gilt und wann nicht. Das Fehlen restriktiver Bedingungen gibt einigen Forschern Anlass zu der Behauptung, dass Newtons drittes Gesetz als physikalisches Prinzip gilt.

Das Fehlen eines Definitionsbereichs, der zeigt, wie das Gesetz funktioniert, ist eine Voraussetzung für die Existenz von Spekulationen, die es schwierig machen, die Natur des Gesetzes richtig zu verstehen. Auf diese Weise entsteht die Ansicht, dass die Kraft der Gegenwirkung nicht existiert und dass die Kraft der Gegenwirkung eine fiktive Kraft ist.

Das Wesen des Gesetzes wird durch Zahlen offenbart.

Siehe Abbildung 13.

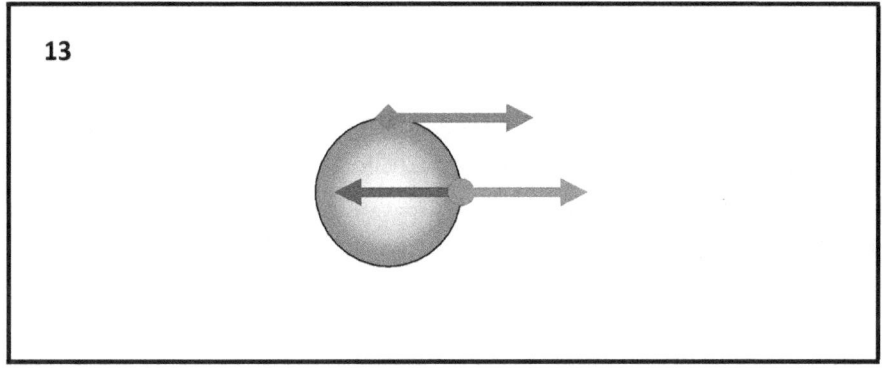

In Abbildung 13 sind eine Kugel und die auf die Kugel wirkenden Kräfte dargestellt. Auf die Kugel wirkt eine rote Kraft, die die Kugel nach rechts zieht, und eine blaue Kraft, die der roten Kraft entgegenwirkt. Die rote Kraft zieht an der Kugel und die Kugel beginnt sich mit Beschleunigung zu bewegen. Die Beschleunigung wird mit einem grünen Pfeil angezeigt. Die Richtung der Beschleunigung stimmt mit der Richtung der ziehenden roten Kraft überein.

Eine wirkende Kraft kann eine schiebende Kraft sein. Es kommt auf den Angriffspunkt der Kraft an.

Siehe Abbildung 14.

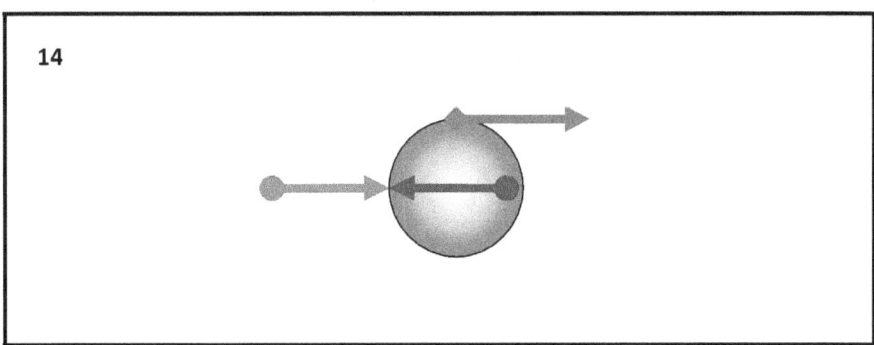

Abbildung 14 zeigt eine rote Druckkraft und eine blaue Kraft, die der roten entgegenwirkt. Der grüne Pfeil zeigt die Richtung der Beschleunigung an. Auch ein Fall zentraler Krafteinwirkung ist möglich.

Siehe Abbildung 15.

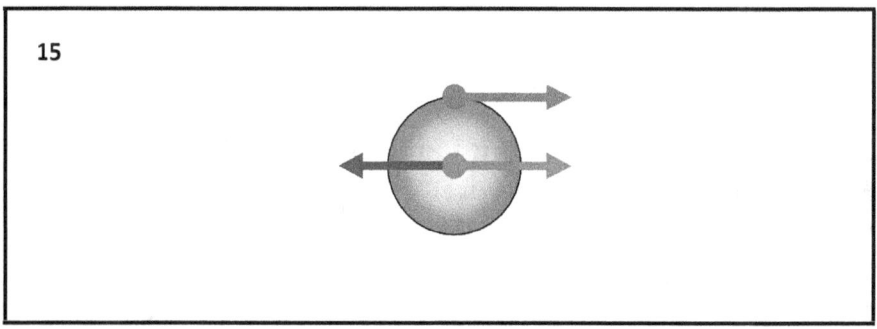

In Abbildung 15 ist eine zentral wirkende rote Zugkraft dargestellt und eine blaue Kraft, die der roten entgegenwirkt. Der grüne Pfeil zeigt die Größe und Richtung der Beschleunigung an.

Manche Leser fragen sich vielleicht: Warum beschreibe ich diese elementaren Dinge so detailliert?

Meine Antwort ist diese:

Denn dieses Buch richtet sich an Leute, die keine spezielle Ausbildung in Physik haben.

Denn diese Dinge sind sehr wichtig und müssen richtig verstanden werden.

Denn ich habe sowohl Kindern als auch Erwachsenen Physik beigebracht, und alle behaupten, das dritte Newtonsche Gesetz zu kennen, und sind überzeugt, dass sie es verstehen. Und im weiteren Verlauf des Gesprächs kommen einige von ihnen zu dem Schluss, dass die Gegenkraft nicht existiert, dass die Gegenkraft eine fiktive Kraft ist, und dass sie der Einfachheit halber so dargestellt wird.

Einige meiner Schüler sagen nach Betrachtung von Abbildung 15 Folgendes:

„Blaue Stärke ist gleich roter Stärke, und blaue Stärke ist das Gegenteil von roter Stärke." Dann heben sich diese beiden Kräfte gegenseitig auf. Daher kann sich die Kugel nicht mit Beschleunigung bewegen. Bewegt sich die Kugel mit Beschleunigung, dann ist die blaue Kraft fiktiv. Blau existiert nicht. Die Gegenmaßnahme existiert nicht. Nur die rote Zugkraft wirkt weiter, und dann folgt aus dem zweiten Newtonschen Gesetz, dass sich die Kugel mit Beschleunigung bewegt."

Es stellt sich die Frage: Was begründet eine solche Schlussfolgerung?

Die Antwort liegt in der Tatsache, dass es in der Wissenschaft der Physik zwei große, unterschiedliche Bereiche gibt. Diese werden Dynamik und Statik genannt. Wenn man physikalische Gedankenexperimente durchführt, muss man immer bedenken, um welchen dieser beiden Zweige der Physik es sich bei dem jeweiligen Experiment handelt.

Siehe Abbildung 16

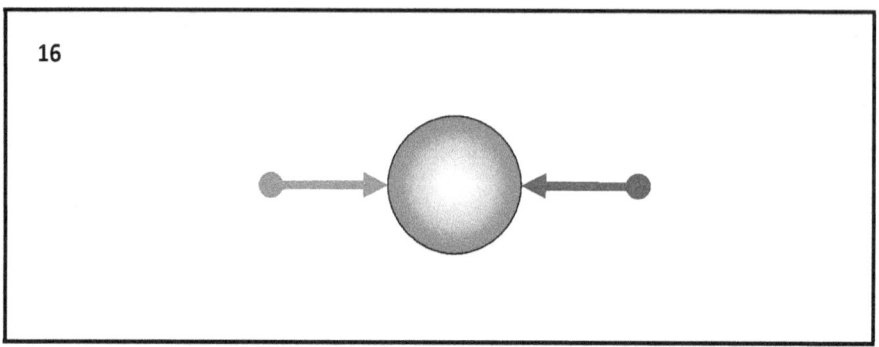

Abbildung 16 zeigt eine Kugel und zwei Kräfte, die gleichzeitig auf die Kugel wirken. Die blaue Kraft ist gleich der roten Kraft und beide Kräfte sind gegeneinander gerichtet. Die blauen und roten Kräfte heben sich gegenseitig auf und die Kugel befindet sich entweder in Ruhe oder in gleichmäßiger geradliniger Bewegung. Dies ist ein klassisches Experiment aus dem Statikteil der Physik. Die dargestellte Zahl zwölf ist den Zahlen dreizehn, vierzehn und fünfzehn sehr ähnlich. Der wesentliche Unterschied zwischen den beiden Figuren besteht darin, dass die Angriffspunkte der Kräfte zwei verschiedene sind. Die blaue Kraft hat einen eigenen Angriffspunkt, der sich vom Angriffspunkt der roten Kraft unterscheidet. Wenn wir das dritte Newtonsche Gesetz analysieren, haben die Aktionskraft und die Reaktionskraft denselben Angriffspunkt, der in Abbildung 11 dargestellt ist. Diese Tatsache ist sehr wichtig, und um sie zu verstehen, müssen wir lesen, was Newton in seinem Buch „Mathematische Prinzipien der Physik" sagt.

„Wenn etwas auf etwas anderes drückt oder an ihm zieht, dann wird es selbst von diesem zerdrückt oder gezogen. Wenn man mit dem Finger auf einen Stein drückt, wird auch sein Finger durch den Stein gedrückt. Zieht das Pferd einen an einem Seil befestigten Stein, so zieht es umgekehrt (sozusagen) mit gleicher Kraft am Stein, denn ein gespanntes Seil übt aufgrund seiner Elastizität auf das Pferd die gleiche Kraft auf den Stein

aus, und auf dem Stein zum Pferd, und so sehr dieses Seil das Pferd daran hindert, vorwärts zu gehen, so sehr bewirkt es, dass der Stein vorwärts geht .

Im slawisch-bulgarischen Kyrillisch:

„Ако нещо притисне нещо друго или го дърпа, то самото то се смачква или издърпва от това последното. Ако някой натисне камък с пръста си, тогава неговият пръст също е притиснат от камъка. Ако конят влачи камък, вързан за въже, тогава, обратно (така да се каже), той се дърпа към камъка с еднакво усилие, защото опънато въже, поради своята еластичност, произвежда същата сила върху коня към камъка и на камъка към коня и колкото това въже пречи на коня да върви напред, толкова и кара камъка да върви напред".

Auf Englisch:

„If something presses on something else or pulls it, then it itself is crushed or pulled by this latter. If someone presses a stone with his finger, then his finger is also pressed by the stone. If a horse drags a stone tied to a rope, then, back (so to speak), it is pulled towards the stone with equal effort, because the stretched rope, by its elasticity, produces the same force on the horse towards the stone and on the stone towards the horse, and as much as this rope prevents the horse from moving forward, so much does it impel the stone to move forward"

Auf Russisch:

„Если что-либо давит на что-нибудь другое или тянет его, то оно само этим последним давится или тянется. Если кто нажимает пальцем на камень, то и палец его также нажимается камнем. Если лошадь тащит камень, при-вязанный к канату, то и, обратно (если можно так выразиться), она с равным усилием оттягивается к камню, ибо натянутый канат своею упругостью производит одинаковое усилие на лошадь в сторону камня и на камень в сторону лошади, и насколько этот канат препятствует движению лошади вперед, настолько же он побуждает движение вперед камня"

Anhand einiger Zahlen werde ich zeigen, was Aktion und was Gegenwirkung ist.

Siehe Abbildung 17.

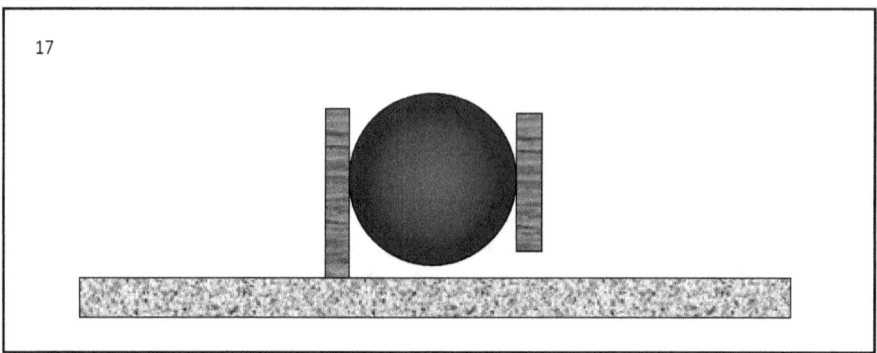

Abbildung 17 zeigt einen blauen Gummiball. Der Ball befindet sich zwischen zwei Lichtbrettern, Brettern. Das linke Brett ist fest auf einer schweren Steinplatte, Granit, befestigt. Das rechte Brett ist frei und kann verschoben werden. Wir wenden eine Kraftaktion auf dem rechten Brett an.

Siehe Abbildung 18.

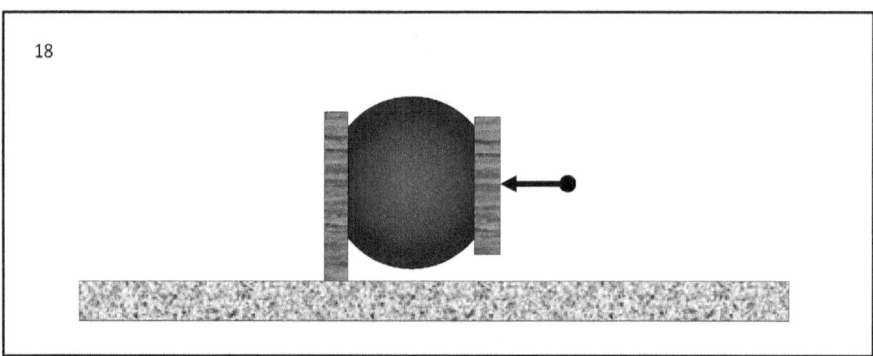

In Abbildung 18 ist zu erkennen, dass die schwarze Kraft auf die rechte Platine wirkt. Das Brett ist so platziert, dass der Ball nicht platzen kann. Die Kraft wirkt von rechts nach links. Das Brett drückt auf den Gummiball und der Ball verformt sich von rechts nach links. Genau die gleiche Verformung tritt auf der linken

Seite der Kugel auf. Dort wird ein Brett aufgelegt, das fest mit der Granitplatte verbunden und unverrückbar ist. Schauen Sie sich die Abbildung an. Der Ball wird auf beiden Seiten gleichmäßig verformt. Die richtige Verformung wird durch **die Einwirkung** des rechten Bretts auf den Ball verursacht. Der linke Warp wird durch **die Gegenwirkung** des linken Bretts auf den Ball verursacht. Ich kann sagen, dass dies ein perfektes klassisches Experiment ist , das **Aktion** und **Gegenwirkung** im statischen Teil der Physik zeigt. Schauen wir uns an, was Newton in seinem großartigen Werk „Mathematische Prinzipien der Physik" sagt.

„Wenn jemand mit dem Finger auf einen Stein drückt, dann wird auch sein Finger durch den Stein gedrückt."

Es kann ein Experiment durchgeführt werden, das die Wirkung und Gegenwirkung im dynamischen Teil der Wissenschaft der Physik zeigt.

Siehe Abbildung 19.

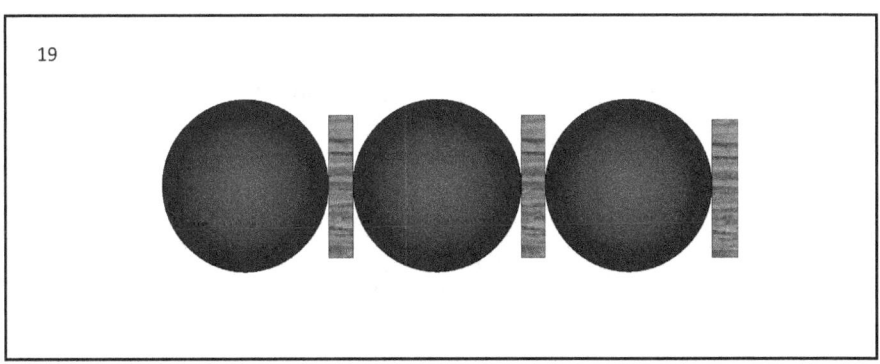

Abbildung 19 zeigt drei blaue Gummibälle und drei leichte Bretter aus Holz. Wir wenden Gewalt an.

Siehe Abbildung 20.

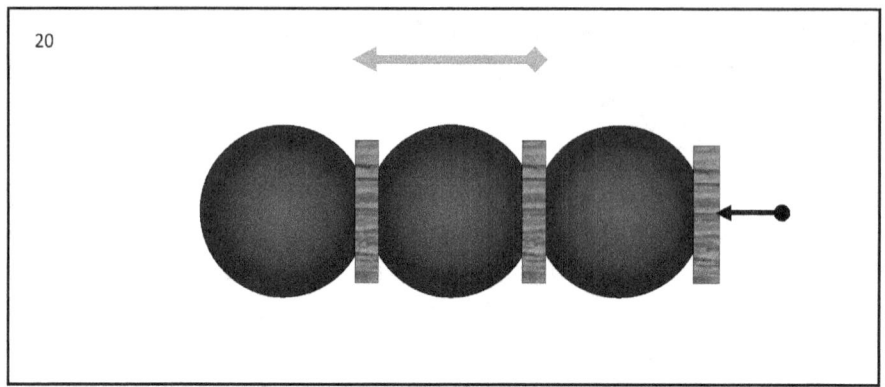

Abbildung 20 zeigt die Bälle, Bretter und die schwarze Kraft, die von rechts nach links wirken. Die Wirkung der schwarzen Kraft zwingt die Kugeln und Bretter dazu, sich mit Beschleunigung von rechts nach links zu bewegen. Der grüne Pfeil oben ist die Beschleunigung. Schauen Sie sich die Abbildung genau an und Sie werden **die Wirkung** und **Gegenwirkung** im dynamischen Teil der Wissenschaft der Physik verstehen.

Das linke Brett und das mittlere Brett können entfernt werden. Nicht ganz rechts, da sonst der Ball platzen würde. Durch das Entfernen der beiden Bretter ändert sich die Verformung der drei Kugeln nicht. Sie wissen bereits, warum.

Der Kern des dritten Newtonschen Gesetzes läuft auf die folgende Aussage hinaus:

Für jede Krafteinwirkung gibt es eine gleichgroße und in entgegengesetzter Richtung wirkende Kraft.

Es stellt sich die Frage:

Wie groß sind diese beiden Kräfte und wie können wir sicher sein, dass sie existieren und immer gleichzeitig wirken?

Wir machen ein Gedankenexperiment und zeigen und messen

eine reale Kraft, die auf eine Kugel wirkt.

Siehe Abbildung 21.

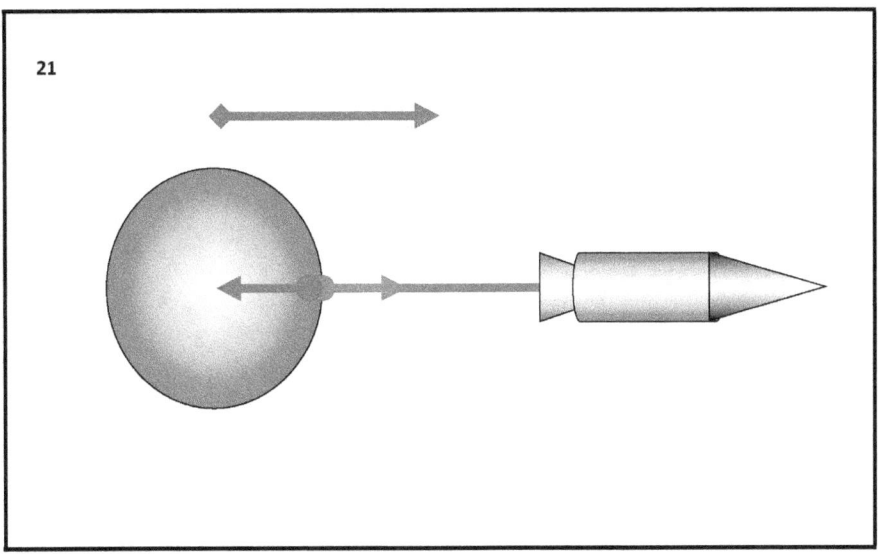

In Abbildung 21 ist die Kugel dargestellt und eine Rakete ist mit einem Seil an der Kugel befestigt. Wir starten den Raketenmotor, die Rakete zieht am Seil und die Rakete beginnt, an der Kugel zu ziehen. Die Rakete wirkt mit einer gewissen Kraft auf die Kugel. Die Kugel beginnt sich mit Beschleunigung zu bewegen. Die Beschleunigung wird mit einem grünen Pfeil angezeigt. Der rote Pfeil ist die Aktionskraft, der blaue die Reaktionskraft. Die Wirkungskraft und die Gegenwirkungskraft müssen gemessen werden. Kräfte werden mit einem Kraftmesser gemessen.

Siehe Abbildung 22.

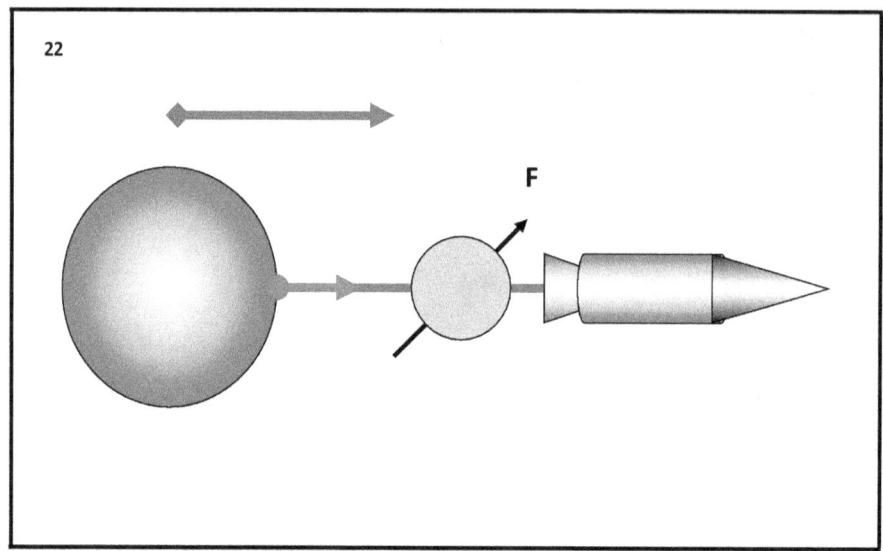

In Abbildung 22 sind die Kugel, die Rakete und das Seil dazwischen dargestellt. In der Mitte des Seils ist ein Kraftmesser angebracht, der die Ein- und Gegenwirkung misst. Die rote Kraft ist die Aktionskraft, die blaue Kraft ist die Reaktionskraft. Der grüne Pfeil zeigt die Beschleunigung.

Abbildung 22 zeigt den Kern des dritten Newtonschen Gesetzes.

Das in Abbildung 18 gezeigte Experiment beweist und erklärt die Existenz von Aktion und Gegenwirkung. Wann immer wir Newtons drittes Gesetz analysieren, müssen wir uns das in dieser Abbildung gezeigte Experiment und das Experiment mit den drei blauen Kugeln vorstellen.

7. NEWTONS GRAVITATIONSGESETZ.

Gemäß der modernen Physik besagt das Newtonsche Gravitationsgesetz:

Die Anziehungskraft zwischen Körpern ist direkt proportional zum Produkt der beiden Körper und umgekehrt proportional zum Quadrat des Abstands zwischen den beiden Körpern.

Anders ausgedrückt ist die Größe der Gravitationskraft, mit der zwei Körper voneinander angezogen werden, gleich der Masse des einen Körpers mal der Masse des anderen Körpers geteilt durch den Abstand zwischen den beiden Körpern im Quadrat.

Newtons Gravitationsgesetz lautet wie folgt:

$$F = \frac{M.m}{r^2}.G$$

Wo:

F ist die Anziehungskraft zwischen den beiden Körpern.

M ist die Masse des größeren Körpers.

m ist die Masse des kleineren Körpers.

r ist der Abstand zwischen den Mittelpunkten der beiden Körper.

G ist die Gravitationskonstante.

Aus philosophischer Sicht wurde Newtons drittes Gesetz heftig kritisiert.

Die philosophische Kritik richtet sich gegen die Definition des Phänomens Kraft in der modernen Physik. In der modernen Physik gibt es zwei verschiedene mathematische Ausdrücke für Kraft. Die beiden mathematischen Ausdrücke wurden von Newton angegeben.

Der erste mathematische Ausdruck wird durch das zweite Newtonsche Gesetz dargestellt, das besagt:

Die Kraft ist gleich dem Produkt aus Masse und Beschleunigung.

$$F = m.a$$

Der zweite mathematische Ausdruck, der durch das Newtonsche Gesetz dargestellt wird, ist die Kraft der Gravitationsanziehung.

$$F = \frac{M.m}{r^2}.G$$

Die Tatsache, dass zwischen schwerer und träger Masse Gleichheit besteht, und Einsteins **Äquivalenzprinzip** ermöglichen es uns, Gleichheit zwischen diesen beiden mathematischen Ausdrücken festzustellen. Man erhält:

$$F = \frac{M.m}{r^2}.G = m.a$$

Die Möglichkeit, diese Gleichheit aus philosophischer Sicht auf diese Weise zu schreiben, ist ein Manko der modernen Physik. Einsteins Äquivalenzprinzip legitimiert den mathematischen Ausdruck für die Gleichheit der beiden Kräfte.

Einsteins Äquivalenzprinzip spielt in der modernen Physik eine äußerst wichtige Rolle.

Einsteins Äquivalenzprinzip liegt in der Grundlage der Allgemeinen Relativitätstheorie.

Einsteins Äquivalenzprinzip ist ein grundlegendes Gesetz, durch das menschliche Vorstellungen von der Einen Unendlichen Realität geschaffen werden.

Das Äquivalenzprinzip ist ein Paradigma in der modernen Humanwissenschaft.

8. RELATIVE BEWEGUNG MIT KONSTANTER GESCHWINDIGKEIT.

Einstein sagt, dass die konstante Geschwindigkeit eines Testkörpers von der Wahl des **Trägheitsbezugssystems abhängt.**

Siehe Abbildung 23.

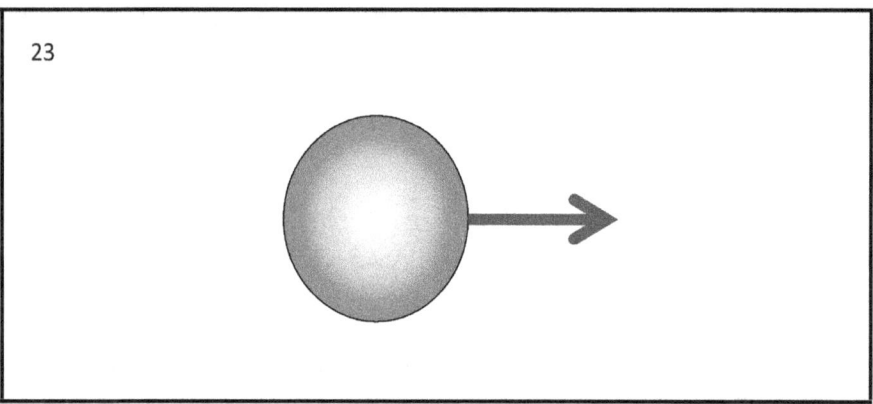

In Abbildung 23 ist eine Kugel dargestellt, die **sich mit konstanter Geschwindigkeit bewegt** . Der blaue Pfeil zeigt die Richtung und Größe der konstanten Geschwindigkeit.

Aus physikalischer Sicht **bewegt sich der Ausdruck mit konstanter Geschwindigkeit** ist unvollständig und ungenau, da kein numerischer Wert der Geschwindigkeitsgröße und kein Koordinatensystem angegeben sind.

Das Phänomen eines numerischen Wertes **einer Größe** konstanter Geschwindigkeit hat nur dann eine physikalische Bedeutung, wenn das Koordinatensystem angegeben wird, relativ zu dem sich die Kugel mit konstanter Geschwindigkeit bewegt.

Siehe Abbildung 24.

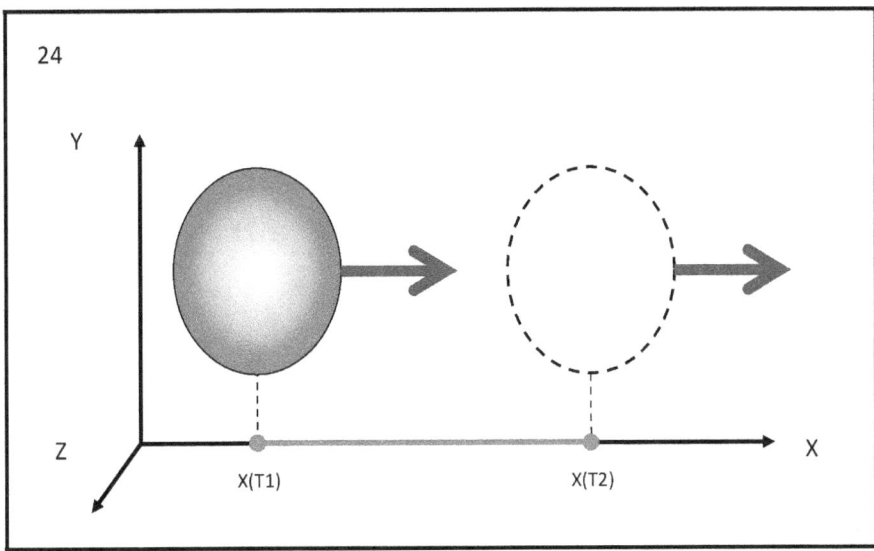

Abbildung 24 zeigt ein Koordinatensystem und eine Kugel, die sich mit konstanter Geschwindigkeit relativ zum Koordinatensystem bewegt. Konstante Geschwindigkeit wird mit einem blauen Pfeil angezeigt. In diesem Koordinatensystem bewegt sich die Kugel in einer bestimmten Zeit über eine gewisse Distanz. Der Zug wird rot angezeigt. Wenn wir die Verschiebung durch das Zeitintervall dividieren, erhalten wir die Geschwindigkeit der Kugel relativ zu diesem Koordinatensystem. Die Länge des blauen Pfeils gibt die Größe der konstanten Geschwindigkeit an. Die Größe der konstanten Geschwindigkeit der Kugel hängt vom Bewegungs- oder Ruhezustand eines speziell gewählten Trägheitsbezugssystems ab. Wenn wir ein anderes Inertialkoordinatensystem wählen, wird die Geschwindigkeit anders sein.

Siehe Abbildung 25.

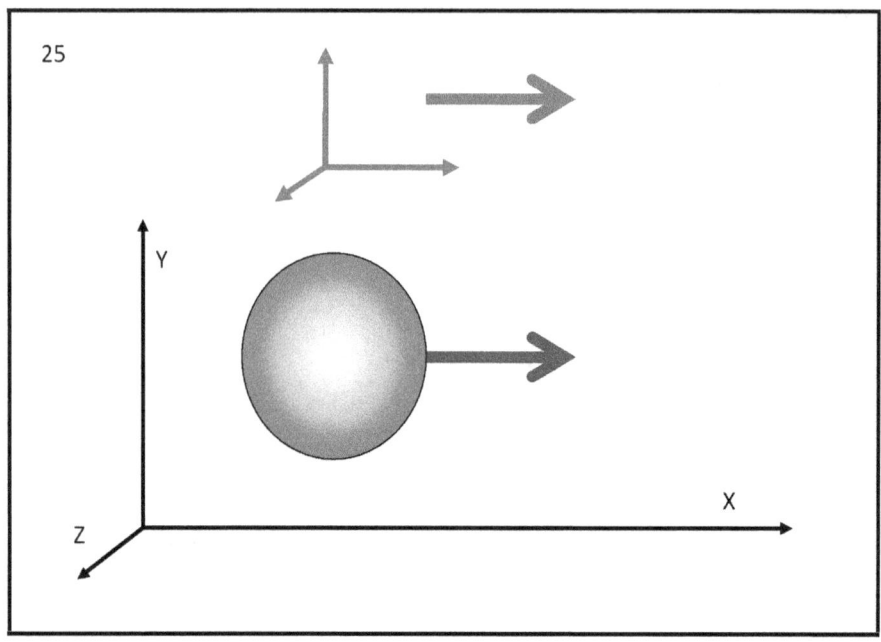

Abbildung 25 zeigt ein großes Koordinatensystem aus schwarzen Pfeilen, eine Kugel, die sich mit konstanter Geschwindigkeit relativ zum schwarzen Koordinatensystem bewegt, und ein kleines Koordinatensystem aus grünen Pfeilen. Das grüne Koordinatensystem bewegt sich mit konstanter Geschwindigkeit. Der Betrag der Geschwindigkeit und die Richtung der Geschwindigkeit werden durch einen grünen Pfeil angezeigt. Der grüne Pfeil entspricht dem blauen Pfeil. Die Kugel und das grüne Koordinatensystem bewegen sich Seite an Seite mit der gleichen konstanten Geschwindigkeit und in die gleiche Richtung. Die Kugel ruht dann relativ zum grünen Koordinatensystem.

Die Kugel befindet sich gleichzeitig in zwei Zuständen, nämlich in Ruhe relativ zum grünen Koordinatensystem und in einem Bewegungszustand mit konstanter Geschwindigkeit relativ zum schwarzen Koordinatensystem.

Die Geschwindigkeit der Kugel im grünen Koordinatensystem ist Null, die Geschwindigkeit der Kugel im schwarzen Koordinatensystem ist größer als Null.

Wenn Einstein sagt, dass die konstante Geschwindigkeit eines Testkörpers von der Wahl des **Trägheitsbezugssystems abhängt**, meint er das, was wir mit den Zahlen gezeigt haben.

Relative konstante Geschwindigkeit bedeutet abhängige konstante Geschwindigkeit .

Die Geschwindigkeitsabhängigkeit ist relativ zur **Wahl des Koordinatensystems** und hängt von der Größe der Geschwindigkeit ab, mit der sich **das ausgewählte** Koordinatensystem bewegt. **Die Wahl** eines Koordinatensystems, relativ zu dem die **Geschwindigkeitsmessung erfolgt, ist die Wahl** einer anderen, anderen Geschwindigkeit.

Auswahl und Messung sind Formen der Reflexion durch die Versuchsperson , die das jeweilige Experiment durchführt .

Finden und sehen Sie im Internet: „Theorie der Reflexion" des Akademikers Todor Pavlov.

Jeder Experimentator ist ein Subjekt in Bezug auf das im Experiment vorhandene Objekt. Wenn das Subjekt zunächst eine Entscheidung über den Zustand des Objekts trifft, schlägt es einen spezifischen neuen Zustand vor. In dem von uns analysierten Experiment gibt es zwei spezifische Zustände, nämlich Ruhe oder Bewegung. Der neue Staatsvorschlag ist ein Konventionsvorschlag. Eine Konvention ist ein Vertrag, der festlegt, was wahr ist und was nicht. Der Vertrag kann von den anderen Forschern und Probanden angenommen werden. Es kann aber auch abgelehnt werden. Dies nennt man in der Wissenschaft Konventionalität. Philosophisch gesehen ist Konventionalität ein großes Problem in der modernen Humanwissenschaft.

9. ABSOLUTE BEWEGUNG MIT KONSTANTER BESCHLEUNIGUNG.

Albert Einstein sagt:

„Beschleunigungen und Rotationen sind absolut, sie hängen nicht von der Wahl des Inertialsystems ab."

Was Einstein sagt, ist sehr wichtig. Es muss sehr gut verstanden werden.

Siehe Abbildung 26.

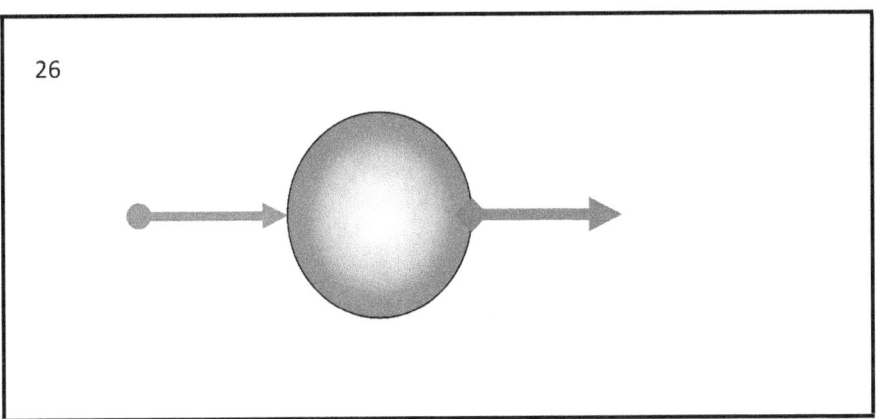

In Abbildung 26 sind eine Kugel und zwei Pfeile dargestellt. Der rote Pfeil ist eine Kraft, die die Kugel von links nach rechts drückt. Unter der Wirkung der roten Kraft bewegt sich die Kugel mit Beschleunigung von links nach rechts. Der grüne Pfeil zeigt die Richtung und Größe der

Beschleunigung an. Kein Koordinatensystem angezeigt. Es ist nicht erforderlich. Da die Beschleunigung der Kugel absolut ist, kann die Messung der Größe der Beschleunigung ohne die Notwendigkeit eines Koordinatensystems erfolgen. Das bedeutet, dass die Beschleunigung der Kugel nicht von der Wahl des Koordinatensystems abhängt. Wir können ein beliebiges Inertialkoordinatensystem wählen und die Beschleunigung der Kugel relativ dazu messen. Die Größe der gemessenen Beschleunigung wird gleich sein, eine Konstante.

Siehe Abbildung 27.

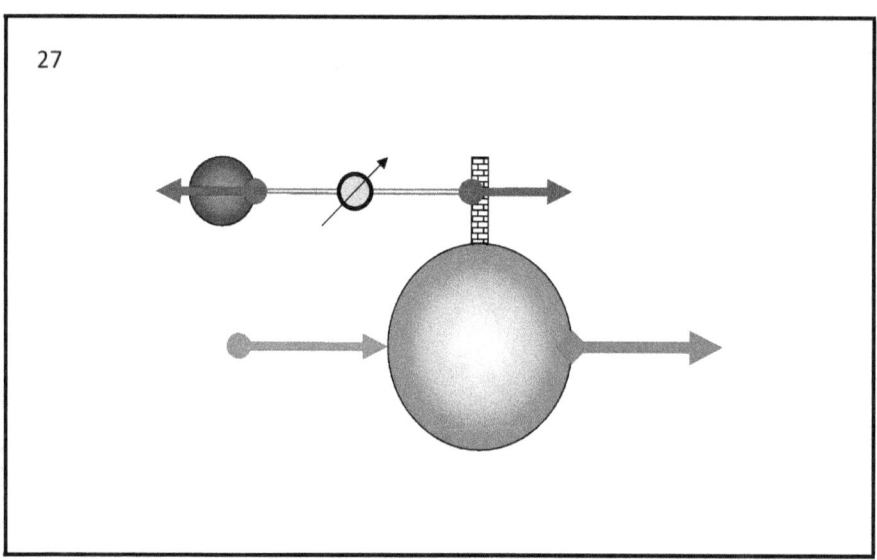

Abbildung 27 zeigt eine rote Kraft, die die Kugel von links nach rechts drückt. Unter dem Einfluss der Kraft bewegt sich die Kugel mit Beschleunigung von links nach rechts. Richtung und Größe der Beschleunigung werden mit einem grünen Pfeil angezeigt. Am oberen Ende der Kugel wird eine Stützmauer errichtet. Gegeben wird eine kleine rote Kugel, die mit einem braunen Seil an der Wand befestigt ist. In der Mitte des Seils ist ein Kraftmessgerät, ein Kraftmessgerät, angebracht. Die rote Kugel ist ein Probenkörper, der mit einer Referenzmasse ausgewählt wird. Die Wand zieht die kleine rote Kugel mit einiger Kraft, was durch einen violetten Pfeil angezeigt wird. Gemäß dem dritten Newtonschen Gesetz wirkt die kleine rote Kugel der violetten Kraft entgegen, mit einer Kraft gleicher Größe, aber entgegengesetzter Richtung. Die Gegenmaßnahme wird mit einem blauen Pfeil angezeigt. Der Kraftmesser misst Aktion und Gegenwirkung.

Die Masse der roten Referenzkugel ist bekannt, die Größe der auf sie wirkenden violetten Kraft wurde bereits gemessen. Mithilfe des zweiten Newtonschen Gesetzes wird die Beschleunigung der kleinen Kugel berechnet. Die berechnete Beschleunigung der kleinen roten Kugel ist gleich der Beschleunigung der großen Kugel. Dies ist nur eine Möglichkeit, die Beschleunigung der großen Kugel zu bestimmen. Diese Methode ist universell. Es ist möglich, unterschiedliche Testkörper zu verwenden, die an verschiedenen Stellen der großen Kugel platziert werden. Mithilfe dieser Testkörper können wir jederzeit die Wirkungs- und Gegenkraft messen und so die Größe der auf den jeweiligen Testkörper wirkenden Kraft bestimmen und anschließend die Beschleunigung berechnen.

Zur Bestimmung der Beschleunigung wird kein Koordinatensystem verwendet. Die von uns verwendete Methode zeigt, dass die Beschleunigung **nicht** vom Koordinatensystem abhängt, das sich mit konstanter Geschwindigkeit bewegt oder sich im Ruhezustand befindet.

Aus diesem Grund sagte Albert Einstein:

„**Beschleunigungen und Rotationen sind absolut, unabhängig von der Wahl des Inertialsystems.**"

Siehe Abbildung 28.

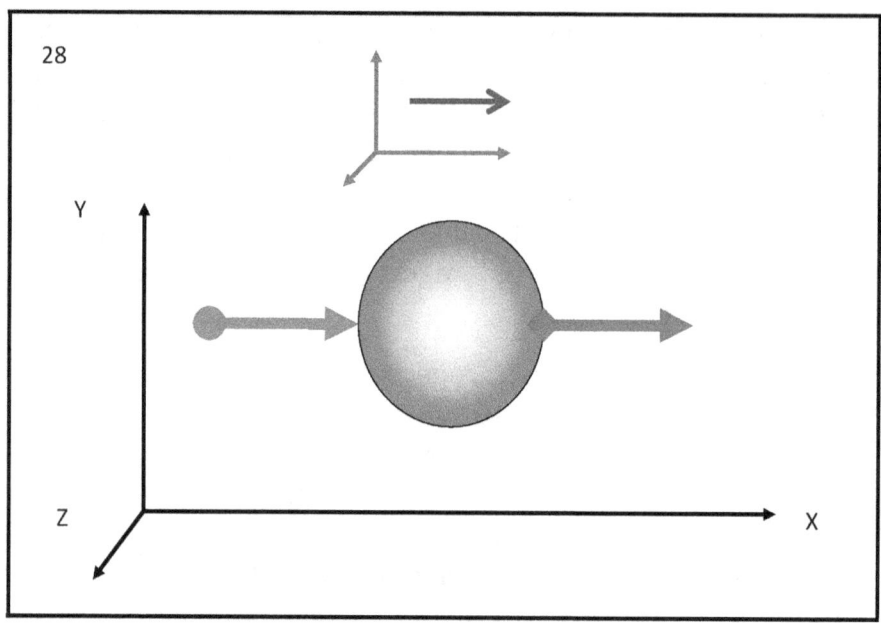

In Abbildung 28 ist ein Koordinatensystem aus schwarzen Pfeilen dargestellt, das sich in Ruhe befindet.

Angegeben ist ein kleines Koordinatensystem, das mit grünen Pfeilen dargestellt ist. Das kleine grüne Koordinatensystem bewegt sich relativ zum großen schwarzen Koordinatensystem mit konstanter Geschwindigkeit und gleichmäßig in einer geraden Linie. Der Betrag der Geschwindigkeit und die Richtung der Geschwindigkeit im grünen Koordinatensystem werden durch den blauen Pfeil angezeigt.

Gegeben sei eine Kugel, auf die die Wirkung eines roten Stoßes ausgeübt wird. Unter der Wirkung des roten Schubs bewegt sich die Kugel mit Beschleunigung. Die Beschleunigung wird mit einem grünen Pfeil angezeigt. Die Richtung der roten Kraft stimmt mit der Richtung der grünen Beschleunigung überein. Die Länge des grünen Pfeils gibt die Größe der Beschleunigung an.

Die Kugel bewegt sich mit **der gleichen Beschleunigung**

relativ zum großen schwarzen Koordinatensystem und relativ zum kleinen grünen Koordinatensystem. Der große Schwarze ruht, der kleine Grüne bewegt sich, aber trotzdem ist die Beschleunigung der Kugel für beide Koordinatensysteme gleich. Der Grund für diese Gleichheit liegt darin, dass die Beschleunigung absolut ist.

Einen detaillierten Beweis dieser Aussage habe ich in „Das Paradoxon der Rute" gezeigt. Teil Sechs." Verlag E.D.B. Amazonas. Dies ist ein Comic für Kinder und Erwachsene, in dem ich die Grundgesetze der Physik anhand von Zeichnungen dargestellt habe.

10. ZUORDNUNG VON BEWEGUNGSARTEN.

*****

Philosophische Erklärungen

Die moderne Wissenschaft der Physik definiert zwei grundlegende Bewegungsarten: absolute Bewegung und relative Bewegung.

Der Begriff des **Absoluten** und der Begriff des **Relativen** sind philosophische Kategorien. In der Humanwissenschaft ist die Beziehung zwischen diesen beiden Kategorien unklar. Im allgemeinen Fall stehen sich das Absolute und das Relative gegenüber und werden in einen antagonistischen Widerspruch versetzt. Dieser Ansatz ist falsch. Das Absolute und das Relative stehen in einer dialektischen Einheit. Die **absolute** Kategorie und die **relative Kategorie** sind ein Kategorienpaar.

Ich schlage vor, die Idee zu verwenden, dass die dialektische Beziehung zwischen der Kategorie **relativ** und der Kategorie **absolut** wie folgt ist :

Das Absolute bezieht sich.

Das Relative wird absolut.

Auf diese Weise werden sie in die Kategorienpaare der Hegelschen Dialektik einbezogen.

*****

Absolute Bewegungen sind in der modernen Physik wohlbekannt. Ich habe bereits gesagt, dass nach Einstein Bewegungen mit Beschleunigung und Rotationsbewegungen absolute Bewegungen sind. Die Beziehungen zwischen den verschiedenen Typen absoluter Bewegungen sind vielfältig und müssen einer allgemeinen philosophischen, dialektischen Analyse unterzogen werden.

Zu diesem Zweck werden wir entsprechende Gedankenexperimente durchführen.

Siehe Abbildung 29.

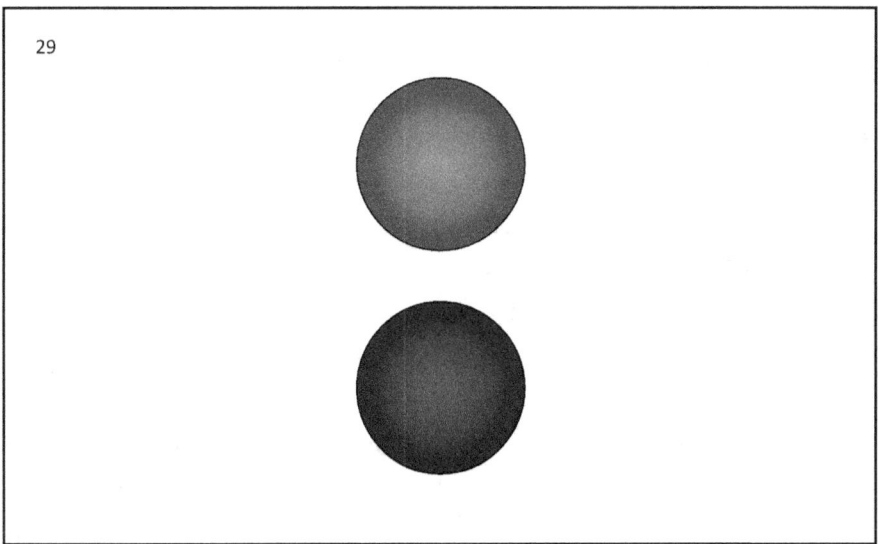

In Abbildung 29 sind zwei Kugeln dargestellt. Grüne Kugel und blaue Kugel. Die Kugeln sind gleich groß und haben die gleiche Masse. Die beiden Kugeln ruhen **relativ zueinander** . In der Abbildung ist kein Koordinatensystem dargestellt.

*****

Philosophische Erläuterungen:

Wenn wir, die Probanden, die das Experiment durchführen, sagen „ **in Ruhe relativ zueinander** ", bedeutet das, dass wir, **die Probanden** , kein Koordinatensystem benötigen, um den Ruhezustand zwischen den beiden Sphären nachzuweisen.

Das bedeutet, dass **die Objekte** des Experiments, also die beiden Sphären, kein Koordinatensystem benötigen, um den Ruhezustand der beiden Sphären zu beweisen, zu zeigen oder festzustellen.

In der Abbildung ist kein Koordinatensystem dargestellt.

Das bedeutet, dass der Ruhezustand zwischen den beiden Sphären einzig und allein von den beiden Sphären und von **der Beziehung** der einen Sphäre zur anderen Sphäre abhängt. Die physikalischen Bedingungen, unter denen die Beziehung zwischen den beiden Sphären stattfindet, werden von der Versuchsperson vorgegeben.

Der Einstellungsbegriff ist eine **philosophische** Kategorie. Der Akt der **Beziehung** zwischen den beiden Sphären beweist, zeigt, begründet den Ruhezustand, der objektiv zwischen den beiden Sphären **besteht** . Die objektive Existenz des Ruhezustandes unter bestimmten Bedingungen verabsolutiert den Ruhezustand zwischen den beiden Sphären. Der richtige Satz ist:

relativ zueinander in einem Zustand absoluter Ruhe .

Der Zustand absoluten Friedens zwischen den beiden Sphären ist nur durch die Beziehung einer Sphäre zur anderen und umgekehrt möglich.

EINSTEINS DRITTER FEHLER

*****

Wir, die Probanden, die das Experiment durchführen, üben eine Krafteinwirkung auf die beiden Sphären aus, die Gegenstand des Experiments sind.

Siehe Abbildung 30.

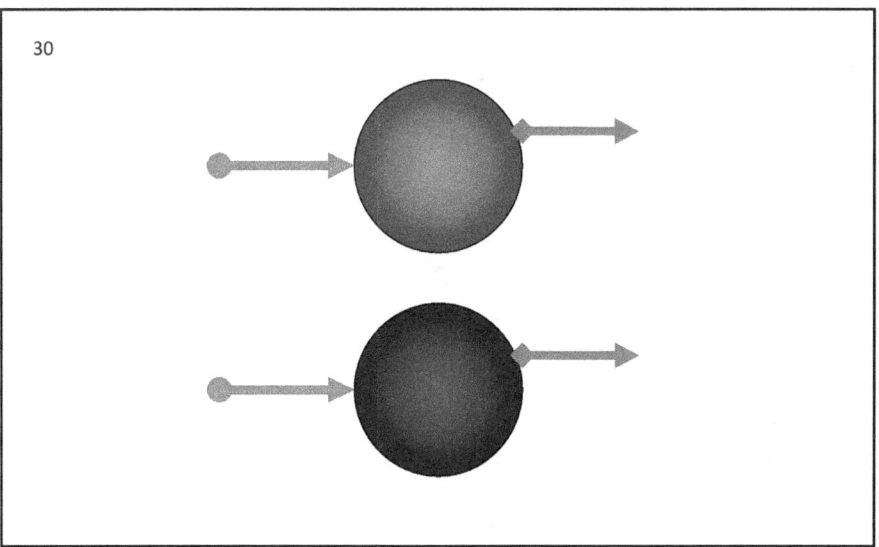

In Abbildung 30 ist zu erkennen, dass auf die beiden Kugeln zwei gleiche, rote Druckkräfte wirken. In der Abbildung gibt es kein Koordinatensystem. Die Länge der beiden roten Pfeile ist gleich.

Die beiden Schubkräfte wirken gleichzeitig auf beide Kugeln. Die beiden Kugeln beginnen sich gleichzeitig mit Beschleunigung zu bewegen. Die Beschleunigung wird mit grünen Pfeilen angezeigt. Die Beschleunigung der beiden Kugeln ist gleich. Die Länge der grünen Pfeile ist gleich.

*****

Philosophische Erläuterungen:

Aus philosophischer Sicht sind beide Bereiche experimentierfreudig. Die Versuchspersonen sind die Forscher, die das Experiment durchführen. Wir Probanden beobachten und analysieren die Bewegung der Kugeln. Beobachten, Messen und Analysieren sind Formen der **Reflexion** . **Reflexion** ist eine philosophische Kategorie, die wir im Definitionsrahmen spezifiziert haben. Die Reflexion des Subjekts über das Objekt ist immer subjektiv.

Siehe im Internet: Akademiker Todor Pavlov, „Theorie der Reflexion".

Wir haben gesagt, dass sich die beiden Kugeln relativ zueinander in Ruhe befinden.

In der Abbildung werden zwei unterschiedliche Phänomene gleichzeitig **beobachtet und reflektiert** .

Das erste Phänomen besteht darin, dass sich die beiden Sphären **bewegen absolut** , mit der gleichen **Beschleunigung** , nebeneinander, in der gleichen Richtung.

relativ zueinander in einem Zustand **relativer Ruhe befinden.** Dabei handelt es sich um zwei unterschiedliche Phänomene, die gleichzeitig beobachtet werden.

Wir haben bereits erklärt, dass wir zur Feststellung dieser beiden Phänomene kein Koordinatensystem benötigen.

*****

Ich habe bereits gesagt, dass Einstein am 11. Juli 1923 in Göteborg vor dem Treffen der Naturforscher aus den nördlichen Ländern eine Rede hielt.

In diesem Bericht sagt Einstein:

„In der klassischen Mechanik ist die Unterscheidung zwischen beschleunigten und unbeschleunigten Bewegungen absolut. Abhängig von der Wahl des Inertialsystems gibt es nur relative Geschwindigkeiten, und Beschleunigungen und Rotationen sind absolut, unabhängig von der Wahl des Inertialsystems."

Aus philosophischer Sicht unterliegt diese Aussage Einsteins ernsthafter Kritik.

Die Kritik läuft darauf hinaus, dass wir in dem von uns durchgeführten Experiment das Phänomen **der relativen Ruhe** zweier Kugeln beobachten, die sich mit **absoluter Beschleunigung bewegen** .

Es stellt sich eine Frage:

Warum wurde in der Humanwissenschaft bisher nicht ausdrücklich darauf hingewiesen, dass es einen Zustand relativer Ruhe zwischen zwei Dingen gibt, die sich mit absoluter Beschleunigung bewegen? Das ist meiner Meinung nach ein grundsätzlich wichtiges Phänomen.

Wir werden diese Tatsache nutzen, um eine Hypothese zu erstellen.

Siehe Abbildung 31.

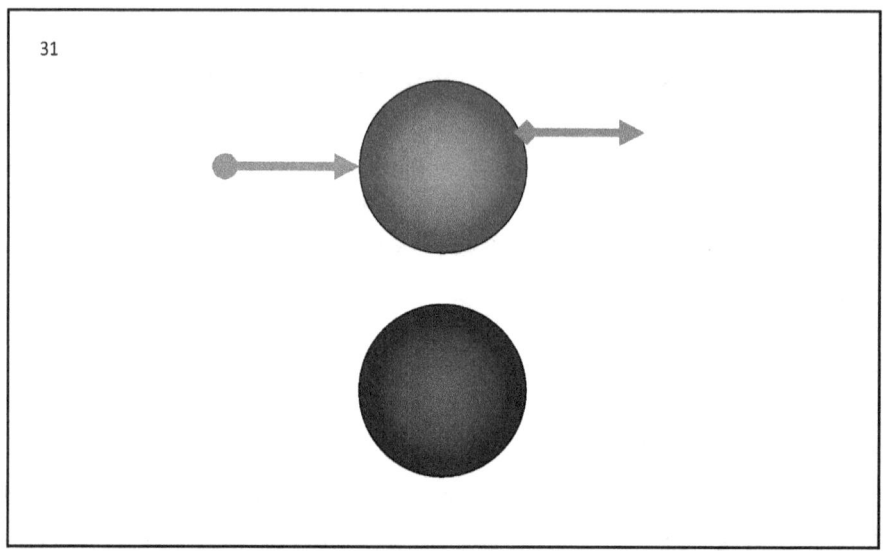

31

In Abbildung 31 sind die beiden Kugeln dargestellt. Die blaue Kugel ruht. Auf die grüne Kugel wird ein roter Schub ausgeübt. Die rote Kugel beginnt sich mit Beschleunigung relativ zur blauen Kugel zu bewegen. Die Richtung der Beschleunigung wird durch einen grünen Pfeil angezeigt. Die Größe der roten Kraft ist so groß, dass sich die grüne Kugel mit einer Beschleunigung von einem Meter pro Sekunde im Quadrat bewegt. Die Beschleunigungsbewegung der grünen Kugel erfolgt relativ zur blauen Kugel. Für den Nachweis der beschleunigenden Bewegung der grünen Kugel ist kein Koordinatensystem erforderlich. In der Abbildung ist kein Koordinatensystem dargestellt.

Die grüne Kugel bewegt sich mit einer Beschleunigung von einem Meter pro Quadratsekunde, und dann vergrößert sich der Weg, den die grüne Kugel nimmt, auf eine bestimmte Weise.

Siehe Abbildung 31.

31

T	0	1	2	3	4	5	6	7
S	0	0,5	2	4,5	8	12,5	18	24,5

In Abbildung 31 ist eine Tabelle für die zurückgelegte Strecke in Abhängigkeit von der Zeit dargestellt. Die obere horizontale Zeile der Tabelle zeigt die Zeit seit Beginn der Bewegung, gemessen in Sekunden. Die untere horizontale Zeile der Tabelle zeigt die zurückgelegte Strecke, gemessen in Metern. Die Zeit erhöht sich von null Sekunden auf sieben Sekunden. Die Straße steigt von null Metern auf vierundzwanzig Meter und damit auf fünfzig Zentimeter. Der von der grünen Kugel zurückgelegte Weg wird relativ zur blauen Kugel gemessen.

Die Bewegung der grünen Kugel wird wie folgt grafisch dargestellt.

Siehe Abbildung 32.

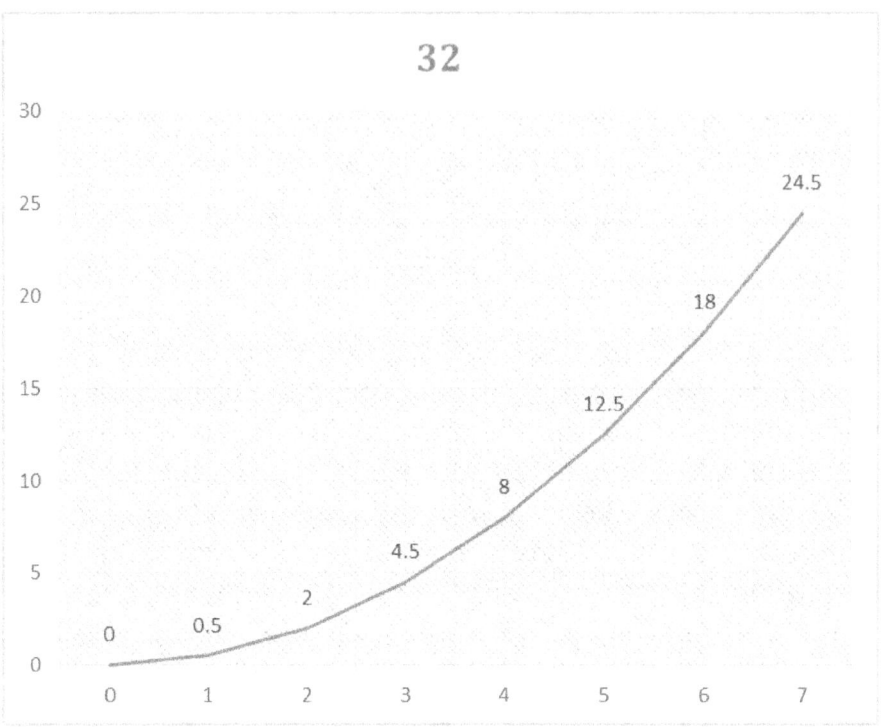

In Abbildung 32 ist das Bewegungsdiagramm der grünen Kugel dargestellt. Die vertikale Achse des Koordinatensystems zeigt die zurückgelegte Strecke. Die horizontale Achse des Koordinatensystems zeigt die Zeitpunkte von null Sekunden bis sieben Sekunden. Aus der Abbildung ist ersichtlich, dass der böse Graph bei null Sekunden beginnt und am Ende der siebten Sekunde endet. Schauen Sie sich die Grafik an.

Eine Sekunde nach dem Start der grünen Kugel üben wir einen roten Schub auf die blaue Kugel aus.

Siehe Abbildung 33.

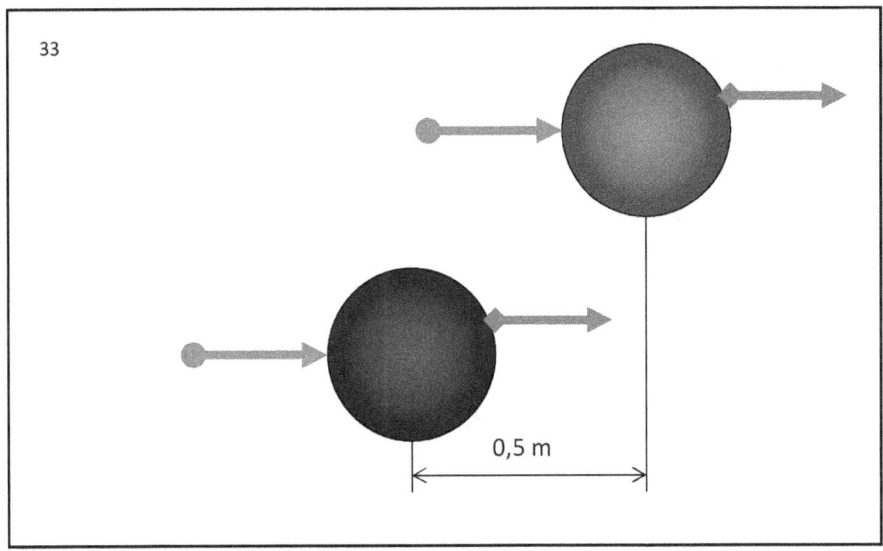

33

In Abbildung 33 wird gezeigt, dass auf die grüne Kugel weiterhin ein roter Push angewendet wird und dass auf die blaue Kugel ebenfalls bereits ein roter Push angewendet wurde.

Die blaue Kugel beginnt sich mit einer Beschleunigung von einem Meter pro Quadratsekunde zu bewegen. Die Einwirkung des roten Schubs auf die blaue Kugel erfolgt eine Sekunde nach dem Start der grünen Kugel. In einer Sekunde hat sich die grüne Kugel um einen halben Meter von der blauen Kugel entfernt. Dies ist in der Abbildung dargestellt. Der Weg, den die blaue Kugel in einer bestimmten Zeit zurücklegt, ist derselbe wie der Weg der blauen Kugel, jedoch mit einer Verzögerung von einer Sekunde.

Siehe Abbildung 34.

$T_{n=1 \div 7}$	1 sec	2 sec	3 sec	4 sec	5 sec	6 sec	7 sec	8 sec
S	0 m	0,5 m	2 m	4,5 m	8 m	12,5	18 m	24,5

34

Abbildung 34 zeigt die Bewegungstabelle der blauen Kugel. In der oberen Reihe werden die Zeitpunkte angezeigt, in der unteren Reihe die zurückgelegten Distanzen. Die blaue Kugel bewegt sich sieben Sekunden lang. Die Sekundenzählung beginnt am **Ende der ersten Sekunde** und endet am Ende der achten Sekunde. Ich sage das, weil die Tabelle acht Sekunden anzeigt, die blaue Kugel aber bis zum Ende der ersten Sekunde ruht. Aus der Tabelle ist ersichtlich, dass in der ersten Sekunde der Zeitzählung die zurückgelegte Strecke null Meter beträgt. Die blaue Kugel beginnt ihre Bewegung zu Beginn der zweiten Sekunde und bewegt sich bis zum Ende der achten Sekunde. Das sind sieben Sekunden. In diesen sieben Sekunden legt die blaue Kugel eine Strecke von vierundzwanzig Metern und fünfzig Zentimetern zurück. Die Bewegung der blauen Kugel wird grafisch dargestellt.

Siehe Abbildung 35.

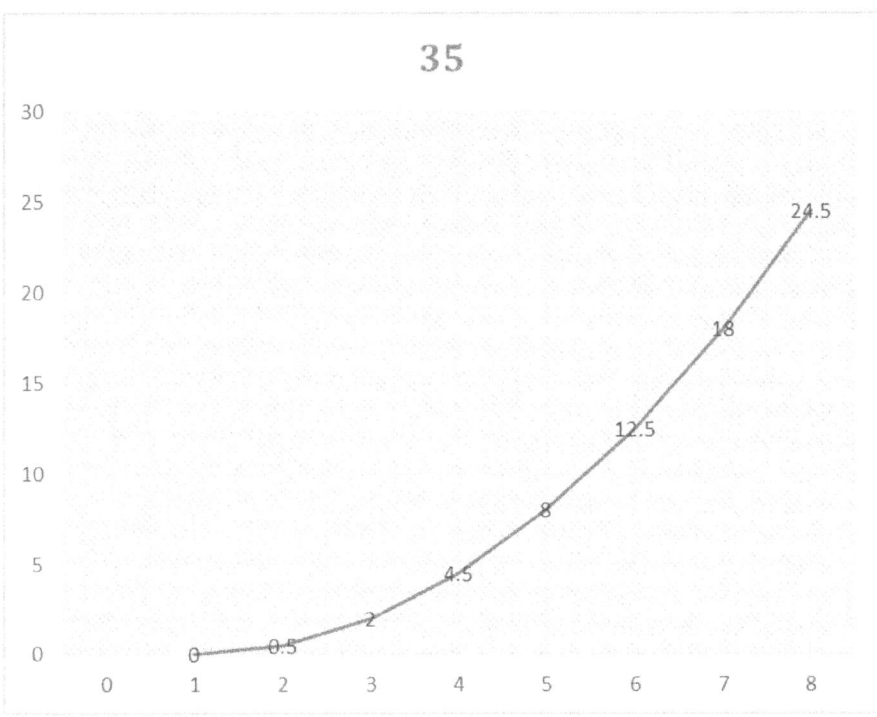

Abbildung 35 zeigt, dass die blaue Kugel ihre Bewegung eine Sekunde später begann als die grüne Kugel. Die Grafik zeigt, dass die Bewegung der blauen Kugel am Ende der ersten Sekunde beginnt und bis zum Ende der achten Sekunde andauert. Die blaue Grafik beginnt bei Sekunde eins und reicht bis Sekunde acht. Schauen Sie sich die Grafik an.

Die Bewegung der beiden Kugeln wird grafisch wie folgt dargestellt:

Siehe Abbildung 36.

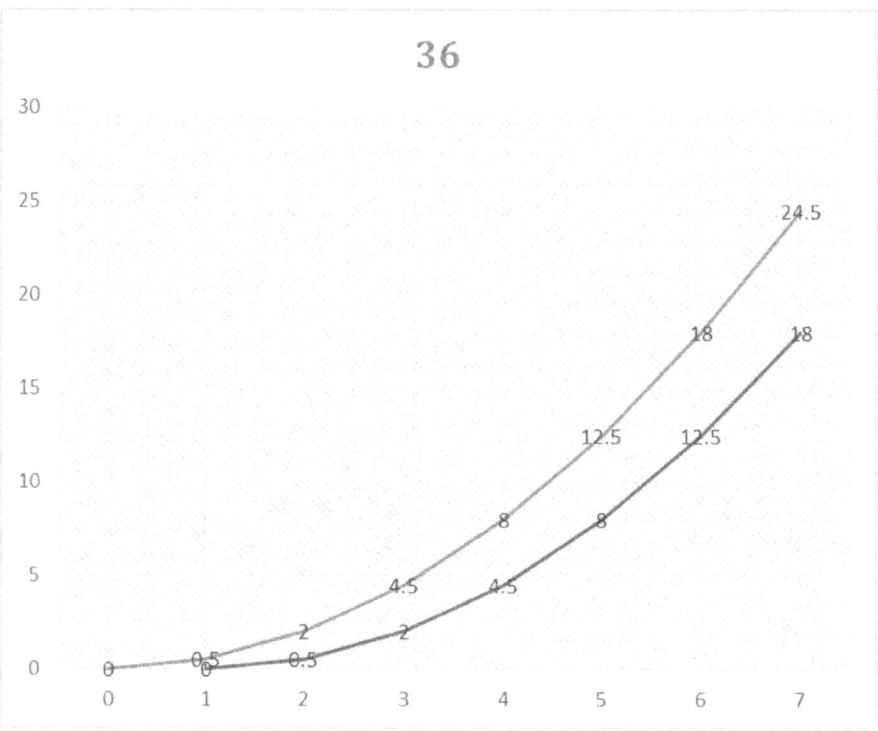

Abbildung 36 zeigt grafisch die gleichzeitige Bewegung der beiden Kugeln.

Aus der Grafik ist ersichtlich, dass die grüne Kugel ihre Bewegung zum Zeitpunkt null Sekunden beginnt und dass die blaue Kugel ihre Bewegung zum Zeitpunkt einer Sekunde beginnt.

Wir vergleichen den Weg, den die blaue Kugel zurücklegt, mit dem Weg, den die grüne Kugel zurücklegt.

Siehe Abbildung 37.

37

$T_{n=1\div7}$	0	1	2	3	4	5	6	7
S	0	0,5	2	4,5	8	12,5	18	24,5

	$T_{n=1\div7}$	1	2	3	4	5	6	7
	S	0	0,5	2	4,5	8	12,5	18

In Abbildung 37 sehen Sie zwei Tische, die übereinander platziert sind. Die obere Tabelle ist für die grüne Kugel, die untere Tabelle ist für die blaue Kugel. Die Tische sind asymmetrisch übereinander platziert. Die untere Tabelle wird nach rechts verschoben und die zurückgelegte Strecke bis zur siebten Sekunde angezeigt. Die Tabelle wird verschoben, weil die blaue Kugel ihre Bewegung mit Beschleunigung eine Sekunde später als die grüne Kugel begann.

Wir werden verfolgen, wie sich der Abstand zwischen den beiden Kugeln verändert.

In der zweiten Sekunde nach Beginn der Beschleunigungsbewegung befindet sich die grüne Kugel zwei Meter vom Beginn ihrer Bewegung entfernt. Schauen Sie sich die roten zwei Meter an. Die zweite Sekunde der grünen Kugel ist die erste Sekunde der blauen Kugel und sie befindet sich in einem Abstand von einem halben Meter vom Beginn der Beschleunigungsbewegung. Schauen Sie sich den roten halben Meter an. Daher beträgt die Projektion des Abstands zwischen den beiden Kugeln am Ende der zweiten Sekunde nach Beginn des Experiments zwei Meter minus einen halben Meter, also eineinhalb Meter.

Siehe Abbildung 38.

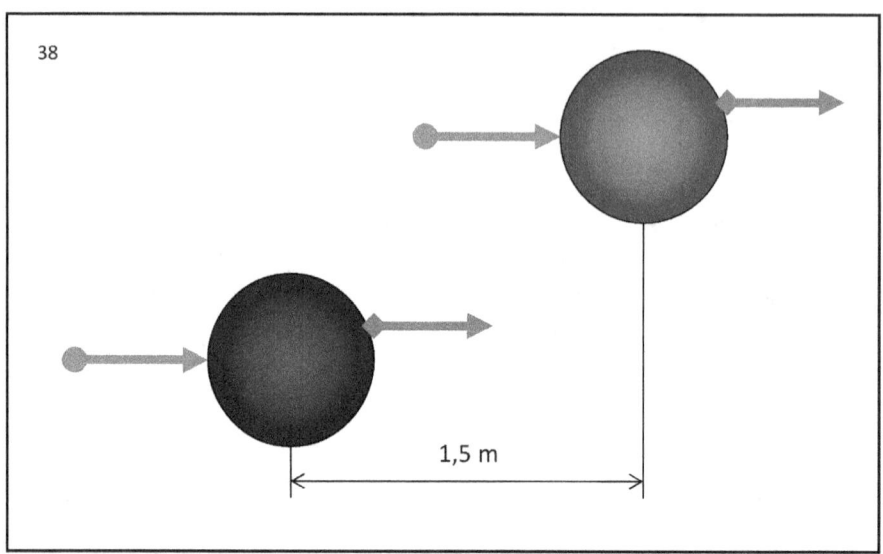

die Projektion des Abstands zwischen den beiden Kugeln am Ende der zweiten Sekunde dargestellt . Wir ändern die Bedingungen des Experiments. Wir platzieren die beiden Kugeln auf einer geraden Linie. Die Richtung der Geraden stimmt mit der Bewegungsrichtung mit Beschleunigung überein. Somit stimmt die Distanzprojektion mit der Distanz überein.

Siehe Abbildung 39.

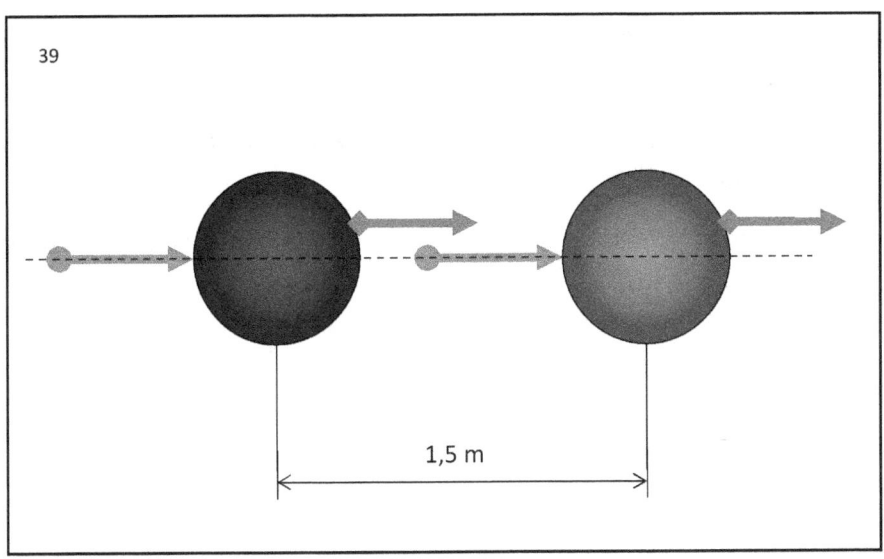

39

In Abbildung 39 ist dargestellt, dass die Kugeln auf einer geraden Linie liegen und sich nacheinander bewegen. Auf diese Weise bestimmen wir direkt den Abstand zwischen den beiden Kugeln.

Die Abbildung zeigt, dass am Ende der zweiten Sekunde die Entfernung beträgt: (2-0,5=1,5) Meter.

Am Ende der dritten Sekunde beträgt die Distanz: (4,5-2=2,5) Meter.

Am Ende der vierten Sekunde beträgt die Distanz: (8-4,5=3,5) Meter.

Am Ende der fünften Sekunde beträgt die Distanz: (12,5-8=4,5) Meter.

Am Ende der sechsten Sekunde beträgt die Distanz: (24,5-18=5,5) Meter.

Aus den von uns durchgeführten Berechnungen ist ersichtlich, dass der Abstand zwischen den Kugeln ständig zunimmt und sich von (1,5) eineinhalb Metern auf (2,5) zweieinhalb

Meter und dann auf (3,5) dreieinhalb Meter ändert halb und (4,5)viereinhalb und fünfeinhalb (5,5).

Jede Sekunde vergrößert sich der Abstand zwischen den Kugeln um einen Meter.

Dies bedeutet, dass sich die Kugeln **gleichmäßig geradlinig** relativ zueinander mit einer Geschwindigkeit von einem Meter pro Sekunde bewegen.

Die Ergebnisse in der Tabelle können grafisch dargestellt werden.

Siehe Abbildung 40.

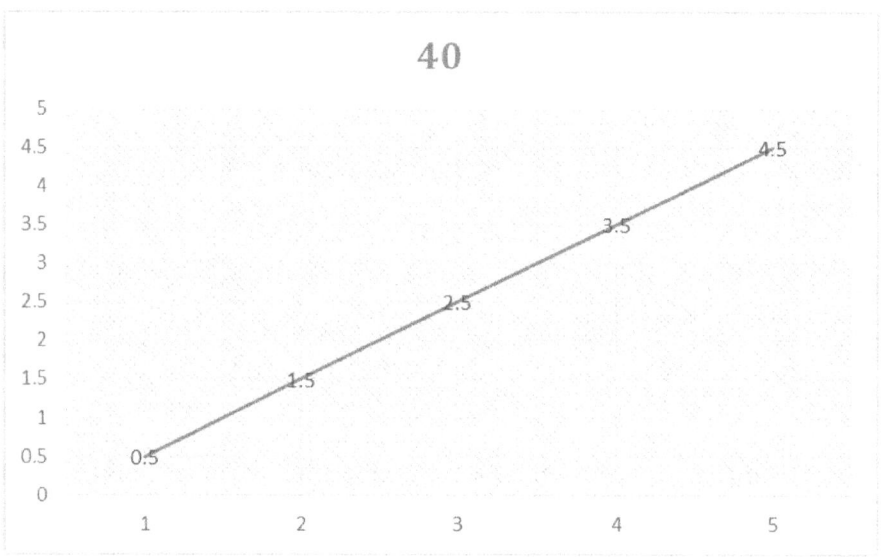

Abbildung 40 zeigt, wie sich der Abstand zwischen der blauen Kugel und der grünen Kugel mit der Zeit ändert.

Die Grafik zeigt, dass sich die beiden Kugeln relativ zueinander gleichmäßig und geradlinig mit einer Geschwindigkeit von einem Meter pro Sekunde bewegen.

Nun stellt sich die Frage: Ist es möglich, ein Experiment durchzuführen, das eine andere Geschwindigkeit zwischen den beiden Sphären zeigt?

Die Antwort lautet: Ja, es ist möglich.

Dazu ändern wir die Bedingungen des Gedankenexperiments, das wir durchführen. Wir erhöhen die Verzögerungszeit für den Start der blauen Kugel. Wir üben eine Kraftwirkung auf die blaue Kugel aus, mit einer Verzögerung von zwei Sekunden nach dem Start der grünen Kugel.

Siehe Abbildung 41.

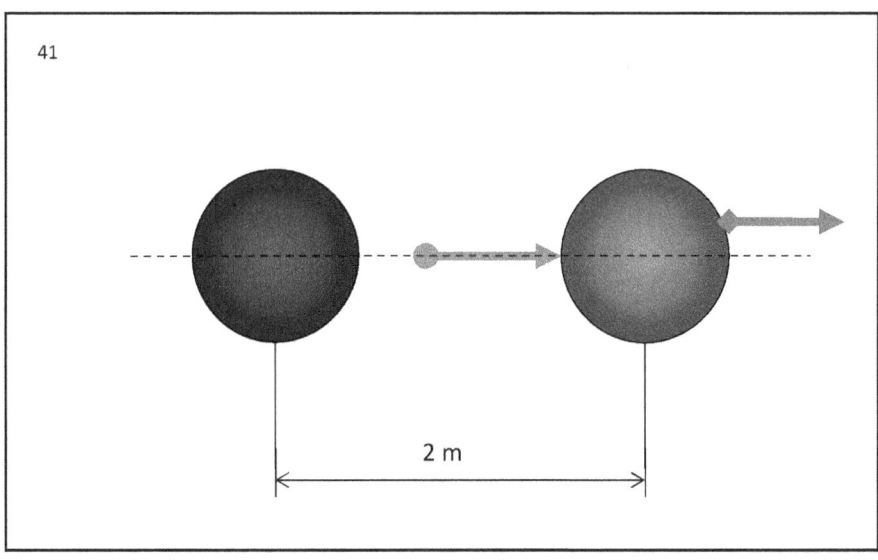

In Abbildung 41 ist die blaue Kugel im Ruhezustand dargestellt. Auf die grüne Kugel wird ein roter Schub ausgeübt. Die grüne Kugel bewegt sich mit einer Beschleunigung von einem Meter pro Quadratsekunde. Zwei Sekunden nach dem Start legt die grüne Kugel eine Strecke von zwei Metern zurück.

Siehe Abbildung oben und Abbildung unten 42.

42								
$T_{n=1 \div 7}$	0 sec	1 sec	2 sec	3 sec	4 sec	5 sec	6 sec	7 sec
S (m)	0 m	0,5 m	2 m	4,5 m	8 m	12,5	18 m	24,5

In Abbildung 42 ist die Tabelle der Distanz dargestellt, die die grüne Kugel in Abhängigkeit von der Zeit zurücklegt. Der Bewegungsgraph der grünen Kugel ist derselbe wie im ersten Fall.

Siehe Abbildung 43.

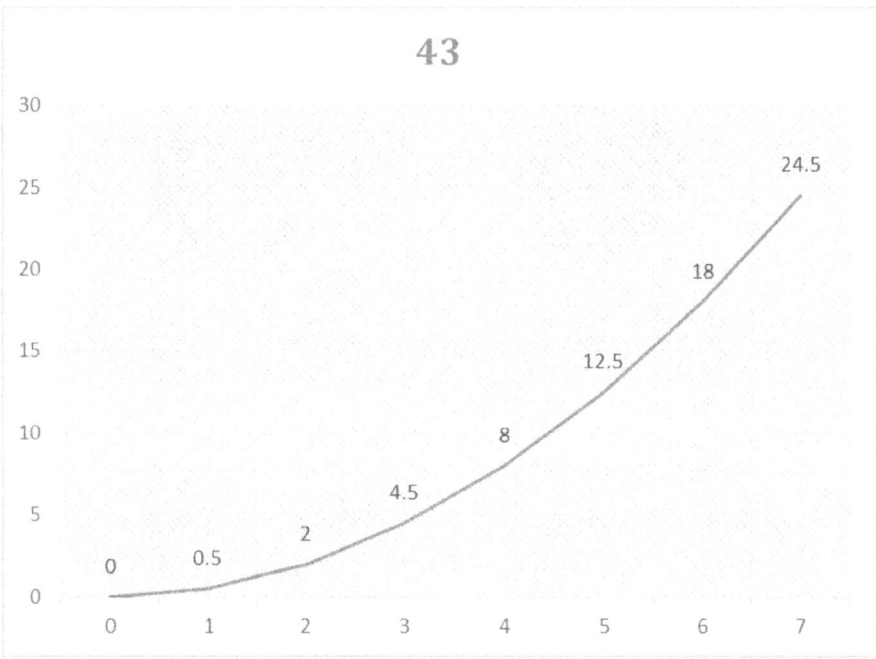

In Abbildung 43 ist zu erkennen, dass die grüne Kugel ihre Bewegung bei null Sekunden beginnt und bis zum Ende der siebten Sekunde beschleunigt.

Am Ende der zweiten Sekunde, vom Beginn der Bewegung der grünen Kugel an, beträgt der Abstand zwischen den Kugeln zwei Meter, und dann üben wir einen roten Schub auf die blaue Kugel aus.

Siehe Abbildung 44.

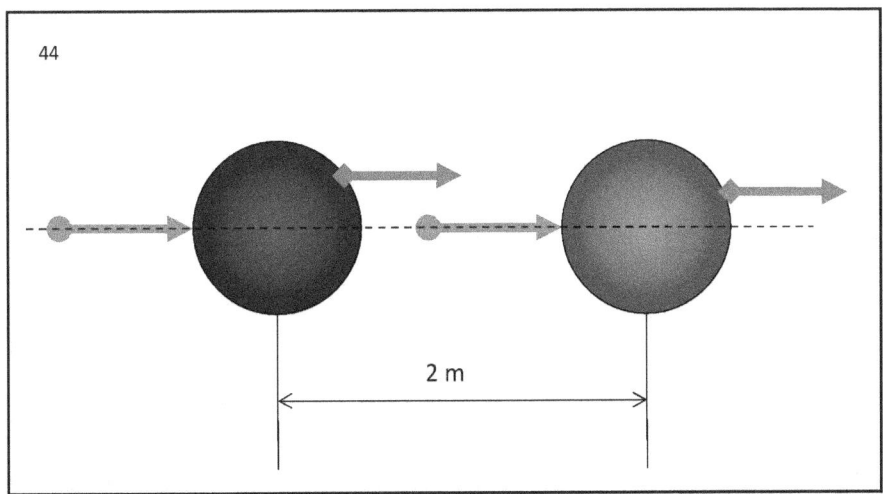

In Abbildung 44 ist zu sehen, dass zwei Sekunden nach dem Start der grünen Kugel, wenn die grüne Kugel zwei Meter von der blauen Kugel entfernt ist, ein roter Schub auf die blaue Kugel ausgeübt wird. Die blaue Kugel bewegt sich hinter der grünen Kugel her. Die Bewegungsrichtung der blauen Kugel stimmt mit der Bewegungsrichtung der grünen Kugel überein. Die beiden Kugeln liegen auf einer Geraden. Die blaue Kugel beginnt sich mit einer Beschleunigung von einem Meter pro Quadratsekunde zu bewegen, beginnt ihre Bewegung jedoch erst am Ende der zweiten Sekunde.

Siehe Abbildung 45

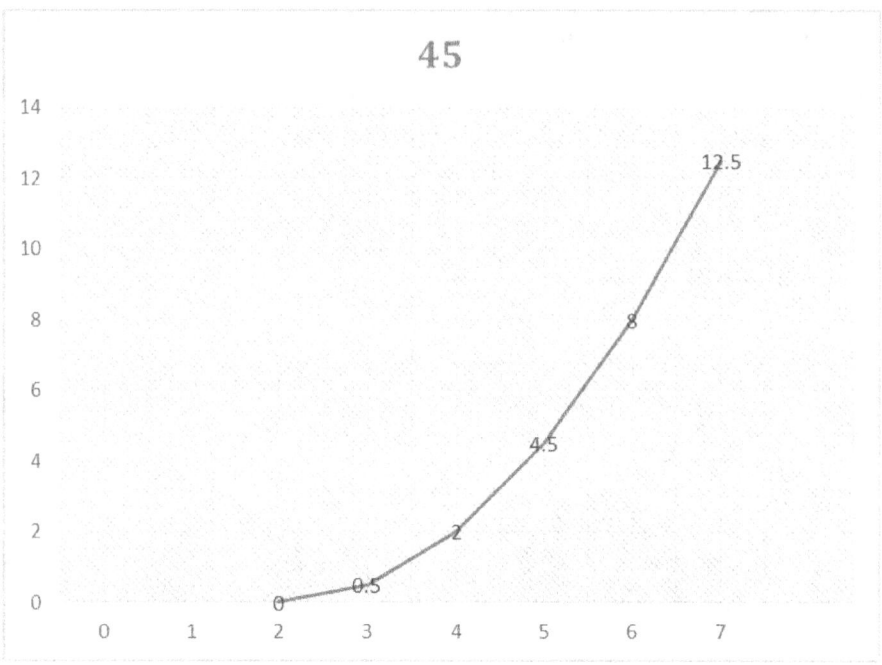

In Abbildung 45 ist der Bewegungsgraph der grünen Kugel dargestellt. Die Grafik zeigt, dass die blaue Kugel ihre Bewegung in der zweiten Sekunde beginnt und sich bis zum Ende der siebten Sekunde bewegt.

Siehe Abbildung 46.

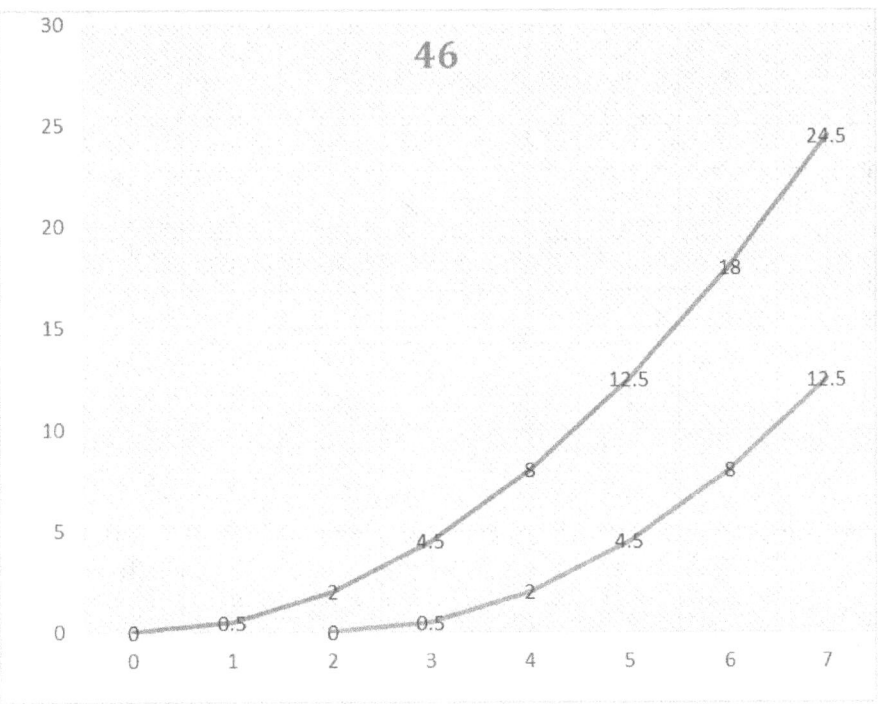

In Abbildung 46 ist die Bewegung der beiden Kugeln grafisch dargestellt. Blau beginnt die Bewegung mit der Beschleunigung bei Sekunde Null und endet bei Sekunde sieben. Grün beginnt bei Sekunde zwei und endet bei Sekunde sieben.

Wir vergleichen die Pfad- und Zeittabellen der beiden Bereiche.

Siehe Abbildung 47.

47

$T_{n=1 \div 7}$	0 sec	1 sec	2 sec	3 sec	4 sec	5 sec	6 sec	7 sec
S (m)	0 m	0,5 m	2 m	4,5 m	8 m	12,5	18 m	24,5
		$T_{n=1 \div 7}$	2 sec	3 sec	4 sec	5 sec	6 sec	7 sec
		S (m)	0 m	0,5 m	2 m	4,5 m	8 m	12,5

In Abbildung 47 sind zwei Tabellen dargestellt. Die obige Tabelle befindet sich auf der grünen Kugel. Die Unterseite der blauen Kugel. Die Tabellen werden so verschoben, dass die Straßen- und Zeitergebnisse auf der grünen Kugel mit den Ergebnissen auf der blauen Kugel verglichen werden.

Der Abstand zwischen den beiden Kugeln vergrößert sich wie folgt:

Am Ende der zweiten Sekunde beträgt der Abstand (2-0=2) zwei Meter.

Am Ende der dritten Sekunde beträgt der Abstand (4,5-0,5=4) vier Meter

Am Ende der vierten Sekunde beträgt der Abstand (8-2=6) sechs Meter.

Am Ende der fünften Sekunde beträgt die Distanz (12,5-4,5=8) acht Meter.

Am Ende der sechsten Sekunde beträgt die Distanz (18-8=10) zehn Meter.

Am Ende der siebten Sekunde beträgt die Distanz (24,5-12,5=12) zwölf Meter.

Mit jedem weiteren Kunda vergrößert sich der Abstand

zwischen den beiden Kugeln um zwei Meter. Das bedeutet, dass sich die beiden Kugeln mit einer Geschwindigkeit von zwei Metern pro Sekunde relativ zueinander bewegen.

Siehe Abbildung 48.

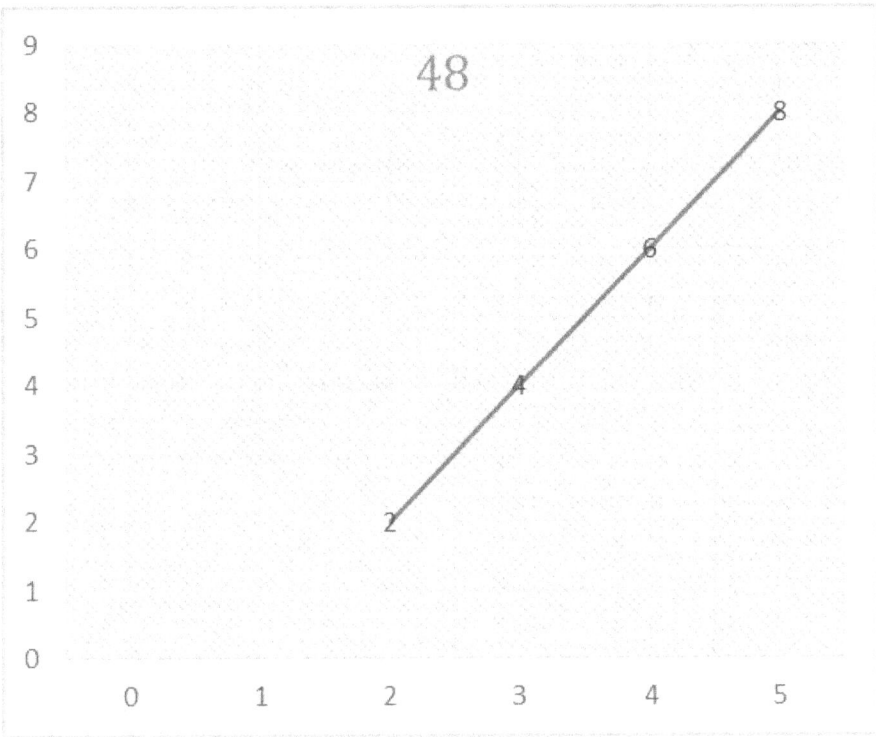

In Abbildung 48 ist die gleichmäßige geradlinige Bewegung der beiden Kugeln relativ zueinander dargestellt. Die grüne Kugel bewegt sich relativ zur blauen mit einer Geschwindigkeit von zwei Metern pro Sekunde.

Der Satz beginnt in der zweiten Sekunde und endet in der siebten Sekunde.

Wir haben Experimente durchgeführt, die zeigen, dass wir in der Lage sind, unterschiedliche Relativgeschwindigkeiten zwischen den beiden Kugeln zu ermitteln. Dieses Ergebnis ermöglicht es uns, ein Naturgesetz abzuleiten, das besagt:

Eine gleichmäßige geradlinige Bewegung zwischen zwei physischen Körpern kann immer als Bewegung mit Beschleunigung dieser beiden physischen Körper dargestellt werden.

Dies bedeutet, dass jede **relative Bewegung durch eine absolute Bewegung** mit Beschleunigung dargestellt werden kann .

Aus philosophischer Sicht ist das jüngste Urteil seltsam und bedarf einer weiteren Analyse sowie relevanter Schlussfolgerungen und Schlussfolgerungen. Die daraus gezogenen Schlussfolgerungen werden zur Bereicherung einiger philosophischer Kategorien beitragen. Dies wird zu einem späteren Zeitpunkt des von uns durchgeführten Forschungsprozesses erfolgen.

11. GEFÜHL DER KRAFTEINWIRKUNG.

In der uns umgebenden Realität gibt es noch eine weitere Tatsache, der wir besondere Aufmerksamkeit schenken müssen. Es handelt sich um das Phänomen „Empfindung von Beschleunigung" und „Empfindung von Krafteinwirkung", die zu einem Phänomen zusammengefasst werden können, ein Phänomen, das als „Empfindung von Krafteinwirkung und Bewegung mit Beschleunigung" bezeichnet wird. Das gehört zum Alltag eines jeden Menschen dazu, deshalb ist es jedem klar, dass die Fahrgäste beim Anfahren des Zuges dies „spüren" durch den Stoß, den sie im ersten Moment bekommen, und durch die Kraft, die danach wirkt entgegengesetzt zur Fahrtrichtung. In diesem Fall wundert es niemanden, dass die Rücken der sitzenden Fahrgäste gegen die Rückenlehnen des Zuges gedrückt werden.

Der Grund für dieses Phänomen ist die Trägheitskraft, die manchmal auch als fiktive Kraft bezeichnet wird.

Alles, was bisher gesagt wurde, steht im Einklang mit Newtons drittem Gesetz, das besagt, dass es für jede Aktion eine gleiche und entgegengesetzte Reaktion gibt.

Zu diesen Überlegungen müssen wir das zweite Newtonsche Gesetz hinzufügen, aus dem klar hervorgeht, dass ein Körper eine gewisse Masse hat Wirkt eine Kraft, beginnt der Körper sich mit Beschleunigung zu bewegen.

Und tatsächlich erkennen Zugreisende mit einem Blick aus dem Fenster sofort, dass sie sich mit zunehmender Geschwindigkeit, also einer konstanten Beschleunigung, bewegen.

Wir trennen bewusst „Empfindung von Krafteinwirkung und Bewegung mit Beschleunigung" in ein unabhängiges Phänomen mit eigenem Wesen, das wir verstehen müssen.

Es stellt sich die Frage, was die Ursache für das Phänomen „Gefühl von Krafteinwirkung und Bewegung mit Beschleunigung" ist. Die Antwort auf die von uns gestellte Frage lautet, dass das Phänomen der „Empfindung von Krafteinwirkung und Bewegung mit Beschleunigung" das Ergebnis der **komplexen Wirkung von Newtons zweitem und drittem Gesetz ist**.

Stellen Sie sich nun einen Aufzug vor, in dem sich Passagiere befinden und in dem unglücklicherweise irgendwann das Seil reißt.

Siehe Abbildung 49.

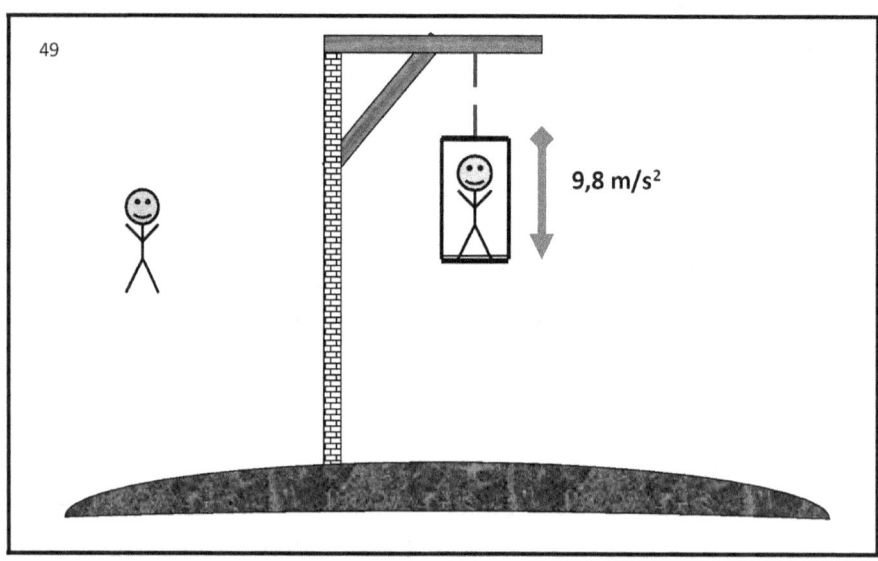

In Abbildung 49 ist ein Teil der Erdoberfläche dargestellt, eine starke vertikale Stütze, auf der ein horizontaler Balken befestigt ist. Der Aufzug ist am Träger angeseilt. Das Seil ist gerissen. Für unsere Betrachtung ist es unerheblich, ob sich der Aufzug zum Zeitpunkt des Seilrisses in Bewegung oder im Ruhezustand befand. Wichtig ist, dass der Aufzug beginnt, in Richtung Erdoberfläche zu fallen, und dass er sich mit einer Beschleunigung von neun ganzen acht Zehntelmetern pro Quadratsekunde bewegt. Der Grund für dieses Absinken mit der Beschleunigung liegt darin, dass sich der Aufzug und die darin befindlichen Passagiere im Gravitationsfeld der Erde befinden und die Wirkung der Anziehungskraft der Erde erfahren.

Die quantitative Charakteristik dieser Kraft wurde von Newton gezeigt und ist als Gesetz der Gravitationsanziehung bekannt:

Die Anziehungskraft zwischen zwei Körpern ist gleich der Masse des ersten Körpers mal der Masse des zweiten Körpers geteilt durch den Abstand zwischen ihnen im Quadrat.

Passagiere im Aufzug hätten kein „Gefühl für die Wirkung der Erdanziehungskraft". Im Gegenteil, sie werden davon überzeugt sein, dass sie ruhen oder sich in einer gleichförmigen geradlinigen Bewegung befinden und nicht von Kräften beaufschlagt werden, die eine Beschleunigung verursachen. Fahrgäste im Aufzug sind davon überzeugt, dass ihr Zustand nach dem ersten Newtonschen Gesetz bestimmt wird:

Wenn auf einen Körper keine Kraft einwirkt, befindet er sich in einem Ruhezustand oder einer gleichmäßigen geradlinigen Bewegung.

Es sei darauf hingewiesen, dass Einstein ähnliche Gedankenexperimente mit Aufzügen durchgeführt hat, um die Natur von Trägheits- und Nicht-Trägheitsbezugssystemen zu klären. Diese Gedankenexperimente sind äußerst wichtig und können durch richtige Analyse grundlegende Beziehungen zwischen Bewegung, Ruhe, Relativität und Absolutheit aufdecken.

Zu Beginn unseres Vortrags haben wir eine klare, in der Praxis bestätigte Abhängigkeit definiert:

Immer und nur die gleichzeitige, komplexe Wirkung des zweiten und dritten Newtonschen Gesetzes ist die Ursache des Phänomens „Empfindung der Wirkung von Kraft und Bewegung mit Beschleunigung".

Wir haben Grund zu der Schlussfolgerung, dass die komplexe Wirkung des zweiten und dritten Newtonschen Gesetzes für Fahrgäste im Aufzug nicht gültig ist.

Das zweite und dritte Newtonsche Gesetz bilden die Grundlage der Physik. Diese beiden Gesetze sind grundsätzlich universell und umfassen notwendigerweise alle möglichen Phänomene in der Einen Unendlichen Realität. Die gleichzeitige Wirkung des zweiten und dritten Gesetzes zeigt die Essenz absoluter Bewegungen in der Einen Unendlichen Realität. Es gibt keine Ausnahmen.

Es gilt, die Gründe herauszufinden und anzugeben, warum Fahrgäste im Aufzug kein „Gefühl für Krafteinwirkung und Bewegung mit Beschleunigung" haben.

Siehe Abbildung 50.

EINSTEINS DRITTER FEHLER

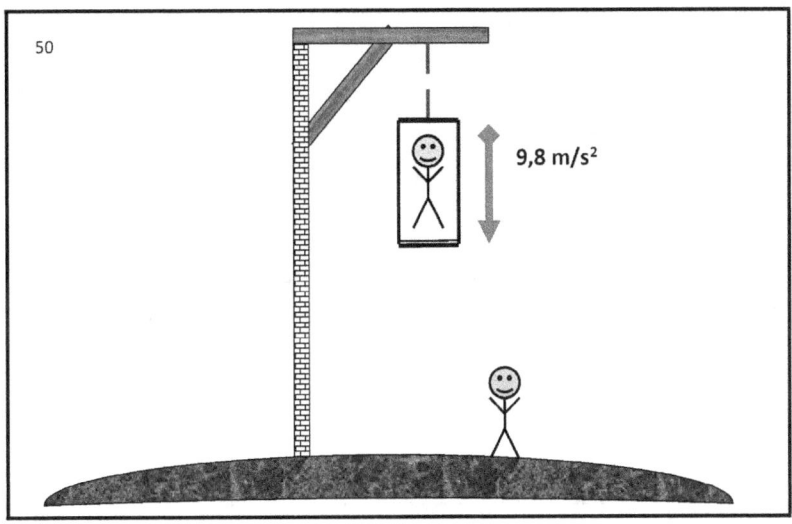

Abbildung 50 zeigt das Traggerüst, das gerissene Seil, den Aufzug und einen darin befindlichen Passagier. Der Aufzug fällt auf die Erde. Der Aufzug hat keine Fenster und der Fahrgast kann nicht verstehen, was mit ihm passiert. Der Passagier fühlt sich in einem Zustand der Schwerelosigkeit. Der Reisende kommt zu dem Schluss, dass er sich im Weltraum befindet und sein Zustand durch Newtons erstes Gesetz beschrieben wird. Der Passagier ist davon überzeugt, dass keine Kraft auf den Aufzug einwirkt und der Aufzug ruht, sich der Aufzug in einem Zustand der Schwerelosigkeit befindet.

Es gibt eine zweite Person auf der Erde, die den fallenden Aufzug beobachtet.

Zwischen dem Passagier und dem Beobachter besteht eine Telefonverbindung.

Der Beobachter ruft am Telefon an und teilt dem Passagier mit, dass er stürzt und höchstwahrscheinlich sterben wird, wenn er auf dem Boden aufschlägt. Der Reisende antwortet, dass dies nicht wahr sei und dass er sich in einem Zustand der Schwerelosigkeit und Ruhe befinde und dass der

Beobachter einen Fehler mache.

Der Beobachter antwortet, dass es keinen Fehler gibt, dass er fest auf der Erdoberfläche steht, dass er sein Gewicht spürt und dass er den Aufzug fallen sieht.

Der Passagier lächelt und sagt, wenn Sie wirklich Gewicht spüren, liegt das daran, dass Sie sich mit Beschleunigung auf mich zubewegen. Sie halluzinieren oder träumen. Das ist die Wahrheit.

Siehe Abbildung 51.

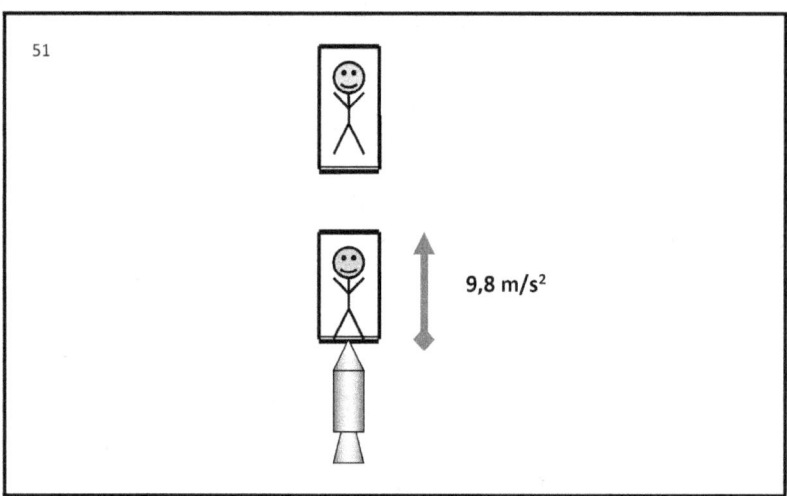

Abbildung 51 zeigt den Passagier im Aufzug, den Beobachter, der sich in einem zweiten Aufzug befindet. Am Boden des zweiten Aufzugs wird eine Rakete platziert, die den Aufzug mit dem Beobachter nach oben schiebt. Der Aufzug mit dem Beobachter bewegt sich mit einer Beschleunigung von neun ganzen und acht Zehntel Metern pro Quadratsekunde.

Der Passagier im oberen Aufzug ruft den Beobachter an und fragt ihn, was er gerade mache.

Der Beobachter antwortet, dass er sich in einem Aufzug befindet, der sich mit Aufwärtsbeschleunigung bewegt.

Der Passagier fragt ihn, was er fühlt.

Der Beobachter sagt, dass er fest auf dem Boden des Aufzugs gelandet ist und die Wirkung von Kraft und Bewegung mit Beschleunigung spürt, genauso wie bei der Landung auf der Erdoberfläche.

Der Passagier im oberen Aufzug antwortet, dass dies der wahre Bewegungszustand sei und dass dies kein Traum mehr sei.

Der Beobachter fragt, warum dies der wahre Zustand ist.

Der Passagier antwortet, dass er sicher sei, denn es gibt einen Grundsatz, der besagt:

Immer und nur die gleichzeitige, komplexe Wirkung des zweiten und dritten Newtonschen Gesetzes ist die Ursache des Phänomens „Empfindung der Wirkung von Kraft und Bewegung mit Beschleunigung".

Das so definierte Prinzip zeigt den Unterschied zwischen relativen und absoluten Bewegungen, die in der Einen Unendlichen Realität stattfinden.

Dieses Prinzip zeigt, dass sich die im zweiten Newtonschen Gesetz definierte Kraft grundlegend von der Kraft der Gravitationsanziehung zwischen Körpern unterscheidet.

12. STÄRKE. ANWENDUNGSPUNKT DER AKTION.

Das zweite Newtonsche Gesetz besagt, dass die auf einen Körper wirkende Kraft gleich dem Produkt aus der Beschleunigung und der Masse des Körpers ist, der sich mit der Beschleunigung bewegt.

In diesem Fall hat die wirkende Kraft Vingi einen Angriffspunkt. Ein Wirkungsort ist eine bestimmte Stelle am Körper. Der Wirkungsort ist eine Fläche, auf der mindestens zwei Körper gegeneinander gedrückt werden. Diese Fläche wird in der Physik als Anwendungspunkt bezeichnet. Aus philosophischer Sicht unterliegt der Begriff des Punktes, mit dem das Phänomen eines Punktes bezeichnet wird, ernsthafter Kritik. Das Problem besteht darin, dass es in der Einen Unendlichen Realität kein Punktphänomen gibt. Der Begriff eines Punktes dient nur dazu, eine menschliche Abstraktion im Geiste des Menschen zu bezeichnen. In der Mathematikwissenschaft wird der Begriff eines Punktes verwendet, der einen bestimmten mathematischen Inhalt hat, der wiederum eine Abstraktion ist. In der Naturwissenschaft sollte der Begriff des Punktes durch den Begriff des Ortes ersetzt werden.

So handelte Newton in „Mathematische Prinzipien der Physik". In den „Prinzipien" verwendete Newton das Konzept des Punktes nicht. In den „Prinzipien" definiert Newton das Phänomen des Ortes und verwendet den Begriff des **Ortes** immer dann, wenn er den Begriff des Punktes verwenden sollte.

Diese Tatsache ist für die von uns durchgeführte Forschung äußerst wichtig und sollte im Gedächtnis behalten werden.

13. ARTEN VON KRÄFTEN. MANIFESTATION DER MACHT. URSACHE WIRKUNG.

In der modernen Physik gibt es zwei Arten von Kräften. Echte Kräfte und fiktive Kräfte. Fiktive Kräfte treten auf und wirken, wenn mindestens zwei Dinge **gleichzeitig wechselseitig wirken**.

Gleichzeitige gegenseitige Handlungen werden mit dem Begriff bezeichnet

ВЗАИМНОДЕЙСТВИЕ

.

Das Wort

ВЗАИМНОДЕЙСТВИЕ

ist in slawisch-bulgarischer Kyrillisch geschrieben.

Ich schlage vor, in der englischen Schrift das Wort zu verwenden

MUTUALISACTION

.

Ich hoffe, dass Fachleute auf diesem Gebiet meinen Vorschlag annehmen und bei Bedarf seine Herkunft angeben.

Das Wort

ВЗАИМНОДЕЙСТВИЕ
MUTUALISACTION

= ist

ein Verb und bedeutet parallele, gleichzeitige Aktionen, die von **ganzen** Dingen ausgeführt werden. Das Konzept der **Interaktion**

=

ВЗАИМНОДЕЙСТВИЕ
MUTUALISACTION

= ist

eine philosophische Kategorie. Durch die Kategorie **Interaktion**

MUTUALISACTION

=

wird die wechselseitige Wirkung zweier ganzer Dinge angegeben. Jedes der beiden miteinander interagierenden Ganzen ist immer ein **ganzer Teil** der **gesamten** Einen Unendlichen Realität.

Ein ganzer Teil der Einen Unendlichen Realität wird durch die absolute Bewegung definiert, die dieser Teil im Verhältnis zur gesamten Einen Unendlichen Realität ausführt.

Fiktive Kräfte treten auf und wirken, wenn eine absolute Bewegung mit einer anderen absoluten Bewegung in Beziehung gesetzt wird. Typische Beispiele hierfür sind ihr Aussehen, die Corioliskraft, die Cup-Kraft und die Art und Weise, wie quantenmechanische Objekte miteinander interagieren.

Die Corioliskraft entsteht, wenn die absolute Rotationsbewegung des Planeten Erde mit der absoluten

Bewegung des Foucaultschen Pendels in Beziehung gesetzt wird.

Die Kraft des Bechers entsteht, wenn die absolute Rotationsbewegung des Bechers um einen bestimmten Mittelpunkt mit der Rotationsbewegung der Plattform um ihren eigenen Mittelpunkt in Beziehung steht.

Die Rotationskraft auf der Rückseite des Bechers tritt auf, wenn die absolute Rotationsbewegung des **gesamten** Bechers um eine Achse mit der absoluten Rotationsbewegung des **gesamten** Pfeils um dieselbe Achse in Beziehung steht, der die Richtung der Zentrifugalkraft angibt.

Hinweis: Die letzten beiden Urteile werden im Beitrag Dunkle Energie Dunkle Materie erläutert.

Typische Wechselwirkungen **finden** zwischen *MUTUALISACTION* quantenmechanischen Objekten statt. Die Wissenschaft der Quantenmechanik untersucht und beschreibt, wie ein ganzes Quantum durch das Phänomen von mit einem anderen ganzen Quanten in Beziehung steht *MUTUALISACTION*.

Auf diese Weise wird das Quantum **ganzheitlich** in der Zeit und **ganzheitlich** im Raum. Somit kann das Quantum eine Leistung erbringen *MUTUALISACTION* **und das Quantum in Teilen** verändern, was **einer Zustandsänderung entspricht**. Somit ist jedes **Quantum**, **jede** Zustandsänderung, ein Vielfaches des Planckschen Quantums, der Konstante h.

Die Zustandsänderung des **Quantums** betrifft alle **Teile des gesamten Quantums**, wobei **das gesamte Quantum mit der gesamten Einen Unendlichen Realität** interagiert, das **Ganze** mit **dem Ganzen**.

Der Zustandswechsel findet in **der Gegenwart statt** und ist logischerweise absolut gleichzeitig für **alle**, die Eine, Unendliche, Wirklichkeit.

In diesem Sinne ist der Moment der Gegenwart ein Zeitintervall gleich Null und trennt die Vergangenheit von der Zukunft.

Die absolute Gegenwart ist nur und einzig im Allgemeinen relativ **zur** Vergangenheit und nur und einzig im Allgemeinen relativ **zur** Zukunft. Auf diese Weise entstehen parallele Veränderungen der Realität. Und dies ist wiederum **eine Zustandsänderung** durch Interaktionen

MUTUALISACTION.

Die parallelen Veränderungen selbst erhalten Sein in der einzigen Gegenwart, wo und in der es möglich ist, sich auf einander, Ganzes auf andere Ganze Dinge zu beziehen. Dies sind Beziehungen einiger **ganzer Teile** zu anderen **ganzen Teilen**. Ganze Teile können verschiedene **ganze Teile** eines **Ganzen** oder verschiedene **ganze Teile** verschiedener **ganzer** Dinge sein.

Der Zustandswechsel ist ein Prozess, der die Existenz einer logisch absoluten Gleichzeitigkeit beweist, und in diesem Zusammenhang stellt sich die äußerst wichtige Frage:

Was ist der Träger dieser Gleichzeitigkeit, oder anders ausgedrückt: Was ist das Phänomen, durch das diese

Gleichzeitigkeit transformiert, auf eine quantifizierbare physikalische Größe reduziert werden kann?

Die Antwort auf diese beiden Fragen läuft darauf hinaus, physikalische Beweise, empirische Daten und Fakten zu finden, die eindeutig die Existenz des Trägers paralleler Bewegungen belegen, die in der modernen Wissenschaft als Fernwirkung, in der klassischen Newtonschen Mechanik oder als nichtlokale Bewegung bekannt sind Wechselwirkung, in der Quantenmechanik, oder als Bewegung mit unendlich hoher Geschwindigkeit, in der Relativitätstheorie, die in unserer Hypothese **eine Zustandsänderung durch Wechselwirkung ist**

= *MUTUALISACTION* .

Wir müssen erneut darauf achten, dass die moderne Wissenschaft nicht in der Lage ist, den Träger einer Zustandsveränderung durch anzuzeigen

MUTUALISACTION

Interaktion oder was dasselbe ist, um ein neues Feld anzuzeigen, das die nicht-lokale

MUTUALISACTION =

Interaktion zwischen Dingen ermöglicht.

In diesem Zusammenhang und als Ergebnis der Analyse schlagen wir vor, den Träger der Fernwirkung zu benennen, was mit dem Begriff „ **Feld der Anstrengung"** bezeichnet wird .

In der modernen Physik gibt es die Vorstellung, dass Fernwirkung eine Bewegung mit unendlich hoher Geschwindigkeit ist. In dem Buch „Einsteins zweiter Fehler" habe ich erklärt und bewiesen, dass der Ausdruck „ **Bewegung**

mit unendlich großer Geschwindigkeit " falsch ist. Was die menschliche Wissenschaft „ **Bewegung mit unendlich großer Geschwindigkeit** " nennt **, ist keine Geschwindigkeit** .

Dies bedeutet jedoch nicht, dass ein solches Phänomen nicht existiert. Was die Menschen „ **Bewegung mit unendlicher Geschwindigkeit** " nennen, ist **eine Zustandsänderung** und eine grundlegende Eigenschaft der **Einen Unendlichen Realität** .

Genau diesen Prozess, durch den **die Zustandsänderung stattfindet** , nenne ich **Reziprozität** = *ВЗАИМНОДЕЙСТВИЕ* = *MUTUALISACTION* .

14. GRUNDSATZ DER EINHEITLICHKEIT.

In der von mir vorgestellten Hypothese wird Einsteins **Äquivalenzprinzip durch das Gleichheitsprinzip** ersetzt. Dies bedeutet, dass die Bewegung eines Körpers, der in ein Gravitationsfeld fällt, **gleichmäßig geradlinig ist** oder sich in einem Zustand **relativer Ruhe befindet**.

Siehe Abbildung 52.

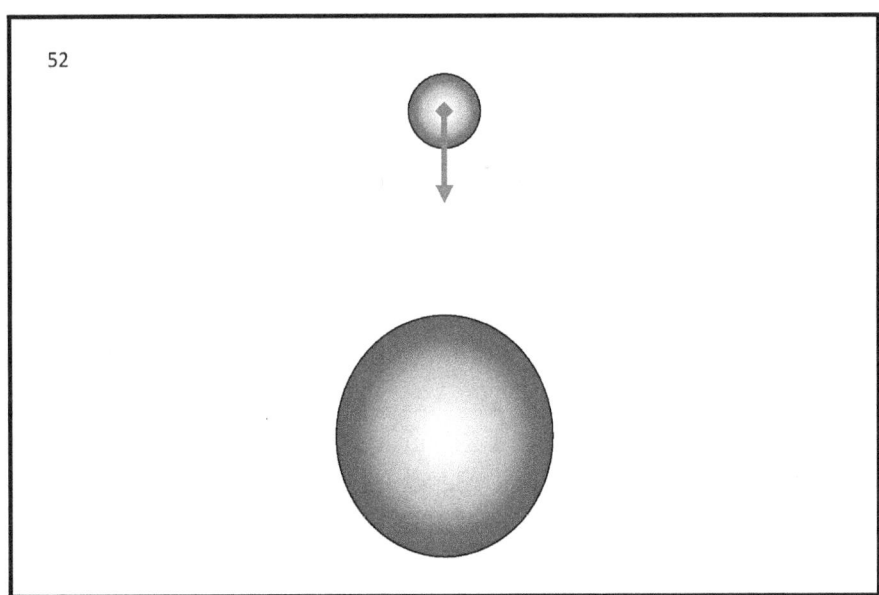

In Abbildung 52 sind zwei Kugeln dargestellt. Die große Kugel ist stationär und besitzt eine große Masse und ein starkes Gravitationsfeld. Die kleine Kugel „fällt" auf die große Kugel zu und bewegt sich mit **Beschleunigung**, spürt jedoch nicht die Wirkung einer Kraft und spürt nicht, dass sie sich mit

Beschleunigung bewegt. Dies ist Einsteins **Äquivalenzprinzip**.

Wir ersetzen Einsteins **Äquivalenzprinzip** durch **das Gleichheitsprinzip**.

Siehe Abbildung 53.

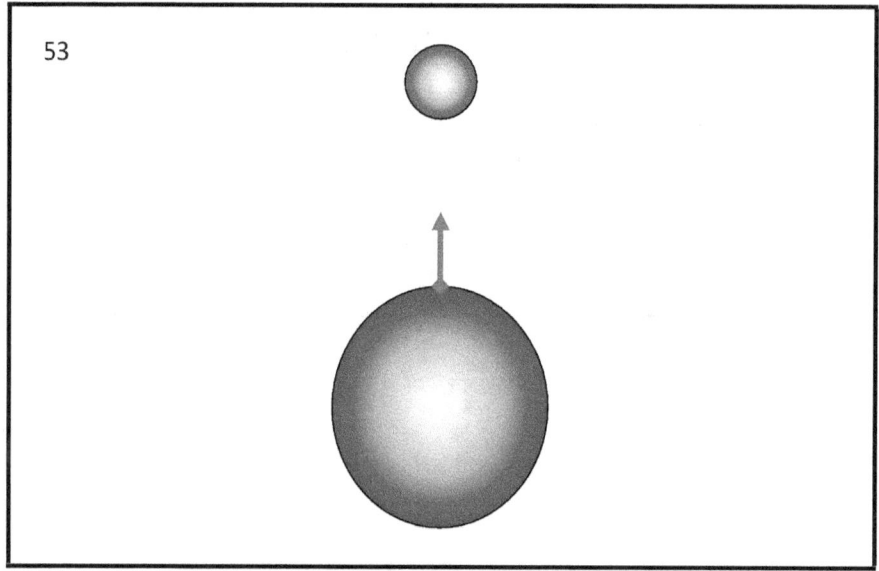

In Abbildung 53 sind zwei Kugeln dargestellt. Die große Kugel ist stationär und besitzt eine große Masse und ein starkes Gravitationsfeld. Die kleine Kugel spürt keine „Kraftwirkung" und keine „Bewegung mit Beschleunigung", daher befindet sich die kleine Kugel in **einem Ruhezustand oder einer gleichmäßigen geradlinigen Bewegung**. Das bedeutet, dass sich die Oberfläche der großen Kugel mit **Beschleunigung** auf die kleine Kugel zubewegt. Es muss betont werden, dass sich nur und nur **die Oberfläche** der großen Kugel mit **Beschleunigung** in Richtung der kleinen Kugel bewegt. Der Mittelpunkt der großen Kugel ist relativ zur kleinen Kugel stationär. Aus dem, was ich gesagt habe, folgt, dass die große Kugel **ihren Radius ständig vergrößert** und dass sich die gesamte Oberfläche der großen Kugel mit **einer Beschleunigung von** vom Zentrum der großen Kugel **wegbewegt**. Um es kurz und einfach zu sagen: Die große Kugel bläst sich wie ein Ballon auf.

Ich weiß sehr gut, dass einige Leser energisch einwenden werden, dass dies unmöglich sei.

Ich behaupte weiterhin, dass dies möglich ist und dass:

Die „GRENZE" der gesamten Einen Unendlichen Realität entfernt sich mit zunehmender und variabler Beschleunigung von jedem ganzen Teil davon.

Die notwendige und hinreichende Bedingung für kontinuierliche Bewegung mit zunehmender Beschleunigung und variabler Beschleunigung ist, dass die Eine Unendliche Realität **unendlich sein muss**. Ich muss mich daran erinnern, dass wir zu Beginn der Ausstellung einen Definitionsbereich geschaffen haben.

Im Definitionsbereich besagt Prinzip vier: Die Realität ist **unendlich**.

15. GRAFISCHE DARSTELLUNG

Die Eine Unendliche Realität „dehnt" sich mit zunehmender Beschleunigung aus. Die inkrementelle Beschleunigung ist eine konstante, integrale **Gesamtbeschleunigung** . An bestimmten Orten in der Einen Unendlichen Realität ist die lokale Beschleunigung unterschiedlich. Die lokale Beschleunigung kann unterschiedlich abnehmend, unterschiedlich zunehmend oder unterschiedlich konstant sein. Die Eine Unendliche Realität ist räumlich dreidimensional. Die Beschleunigung der räumlich dreidimensionalen Einen Unendlichen Wirklichkeit erfolgt absolut gleichzeitig entlang der drei Raumdimensionen. Die drei Raumdimensionen werden dem menschlichen Denken durch ein dreidimensionales Koordinatensystem präsentiert.

Siehe Abbildung 54.

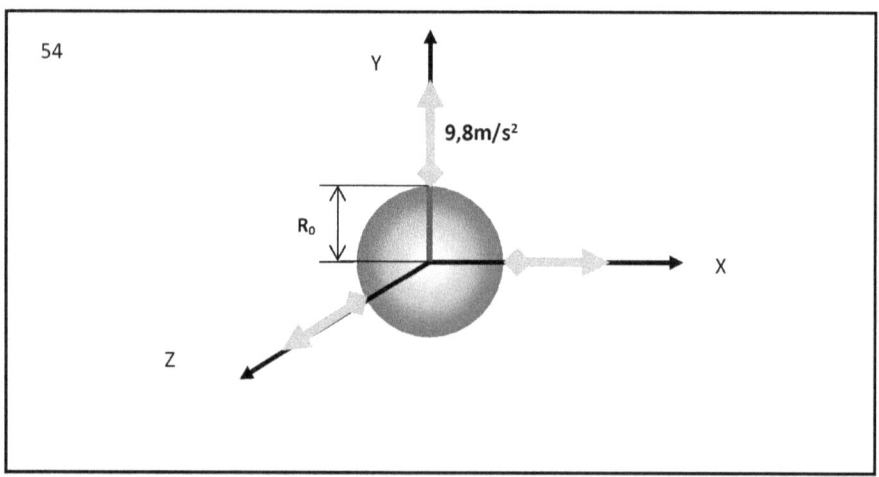

EINSTEINS DRITTER FEHLER

In Abbildung 54 ist ein Koordinatensystem dargestellt, das aus drei Achsen besteht. Der Ursprung des Koordinatensystems liegt im Mittelpunkt einer Kugel.

Das Koordinatensystem und die Kugel befinden sich im Zentrum der Einen Unendlichen Realität. Wir gehen davon aus, dass es sich bei der Kugel um den Planeten Erde handelt. Die Beschleunigung der Erdoberfläche relativ zum Mittelpunkt des Planeten Erde beträgt neun ganze acht Zehntel Meter pro Quadratsekunde. Die Beschleunigung wird durch einen grünen Pfeil angezeigt, der Radius durch einen blauen. Dies bedeutet, dass die Länge des Radius des Planeten Erde mit einer Beschleunigung von neun ganzen und acht Zehntel Metern pro Sekunde, erhöht auf die zweite Potenz, zunimmt. Das bedeutet, dass die Größe des Planeten Erde nach einiger Zeit doppelt so groß sein wird.

Siehe Abbildung 55.

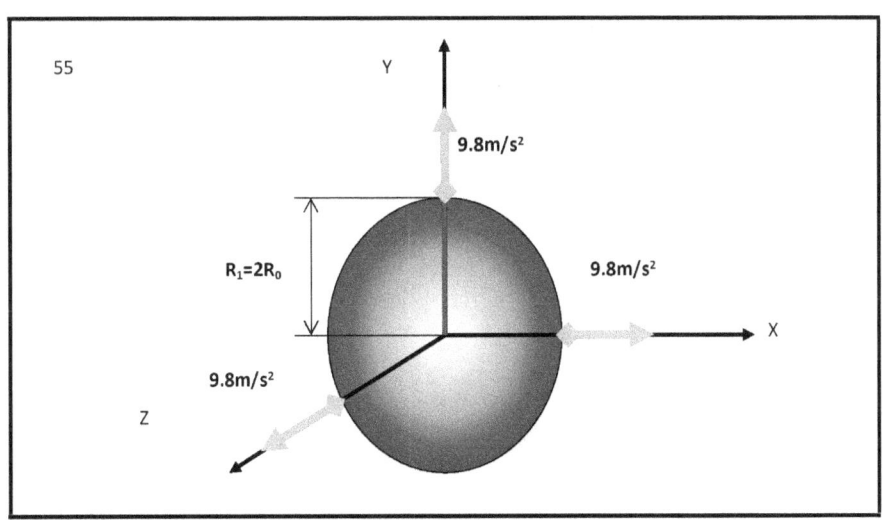

In Abbildung 55 sind das Koordinatensystem und der

Planet Erde dargestellt. Der Radius des Planeten Erde ist doppelt so groß.

Die intelligenten, denkenden Menschen, die den Planeten Erde bewohnen, bemerken die Vergrößerung der Erde nicht. Der Grund dafür ist, dass alle festen Körper und Objekte, die sich auf der Erdoberfläche befinden, proportional zur Vergrößerung des Radius des Planeten Erde an Größe zunehmen. Bei proportionaler Vergrößerung ändert sich das Verhältnis der räumlichen Abmessungen der verschiedenen Objekte nicht. Das Verhältnis wird konstant gehalten. Das Verhältnis ist eine Konstante.

Wenn das Verhältnis der Raumdimensionen konstant ist, kann die Vergrößerung der Raumdimensionen von Messgeräten nicht erfasst werden. Für die Forscher, die die Entfernungen messen, kann es nicht bemerkt werden.

Siehe Abbildung 56.

EINSTEINS DRITTER FEHLER

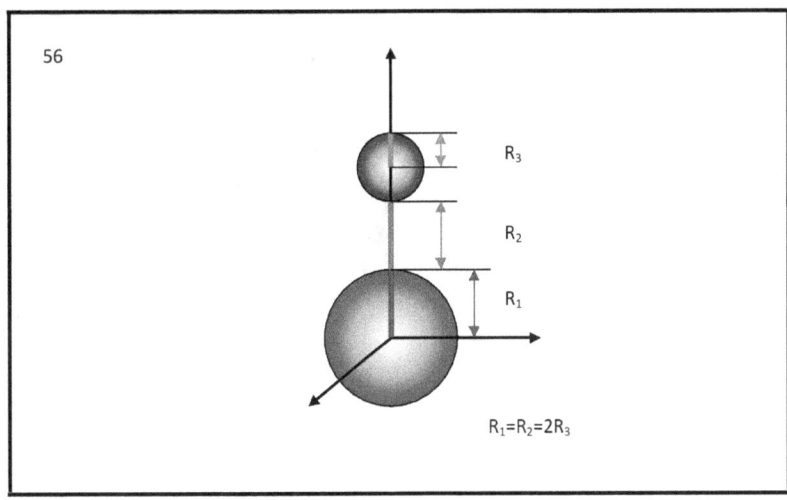

56

In Abbildung 56 sind das Koordinatensystem und zwei Kugeln dargestellt. Eine große Kugel und eine kleine Kugel. Die große Kugel ist der Planet Erde, bevor er seinen Radius vergrößerte. Der Radius des Planeten Erde ist blau dargestellt. Die kleine Kugel befindet sich auf der vertikalen Achse des Koordinatensystems. Der Radius der kleinen Kugel ist rot dargestellt. Der Radius des Planeten Erde ist doppelt so groß wie der Radius der kleinen Kugel. Der Abstand zwischen der Erde und der kleinen Kugel ist grün dargestellt. Der Abstand zwischen der Erde und der kleinen Kugel entspricht dem Erdradius. Der Abstand zwischen der Erde und der kleinen Kugel ändert sich nicht. Die Erde und die kleine Kugel ruhen relativ zueinander.

Der Erdradius verdoppelt sich durch eine Beschleunigung von neun ganzen und acht Zehntel Metern pro Quadratsekunde.

Siehe Abbildung 57.

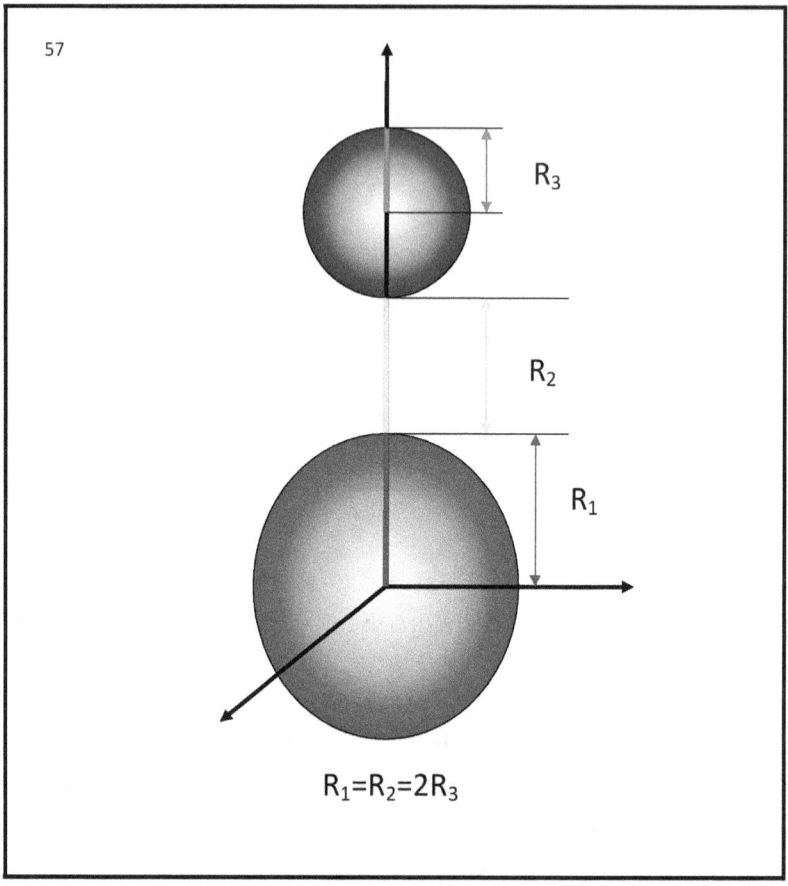

In Abbildung 57 ist der Planet Erde im Koordinatensystem der kleinen Kugel dargestellt.

Der Radius der Erde hat sich verdoppelt.

Der Radius der kleinen Kugel hat sich verdoppelt.

Der Abstand zwischen der Erde und der kleinen Kugel hat sich verdoppelt.

Unter diesen Bedingungen bleiben die Beziehungen zwischen den Dimensionen konstant.

Das Verhältnis zwischen dem Radius der Erde und dem

Radius der kleinen Kugel ändert sich nicht.

Das Verhältnis zwischen dem Erdradius und der Entfernung zur kleinen Kugel ändert sich nicht.

Auch das Verhältnis zwischen dem Radius der kleinen Kugel und dem Abstand ändert sich nicht.

Alle physischen Körper, die es auf dem Planeten Erde gibt, haben ihre räumlichen Ausmaße vergrößert und sind nun doppelt so groß. Der Forscher, der die Messung durchführt, ist doppelt so groß. Der Zähler des Entdeckers ist doppelt so groß.

Die Vergrößerung der Erde, die Vergrößerung der kleinen Kugel, die Vergrößerung der Entfernung sind nicht wahrnehmbar.

Das Ergebnis der Messung ist, dass die beiden Kugeln ihre Abmessungen behalten und die beiden Kugeln relativ zueinander ruhen.

16. ZUSTAND DER RELATIVEN RUHE

Der Radius der Erde hat eine bestimmte Länge. Die Erdoberfläche bewegt sich mit einer Beschleunigung von neun ganzen acht Zehntel pro Quadratsekunde vom Erdmittelpunkt weg. Der Radius der kleinen Kugel ist doppelt so groß wie der Erdradius. Die Abmessungen dieser beiden Radien sind im Ruhezustand relativ zueinander. Daher ist die Beschleunigung, mit der der Radius der kleinen Kugel zunimmt, doppelt so klein wie die Beschleunigung der Erde. Die Beschleunigung des Radius der kleinen Kugel beträgt vier ganze und neun Zehntel Meter pro Quadratsekunde. Die Zahl vier ganz und neun Zehntel ist die Hälfte der Zahl neun ganz und acht Zehntel.

Siehe Abbildung 58.

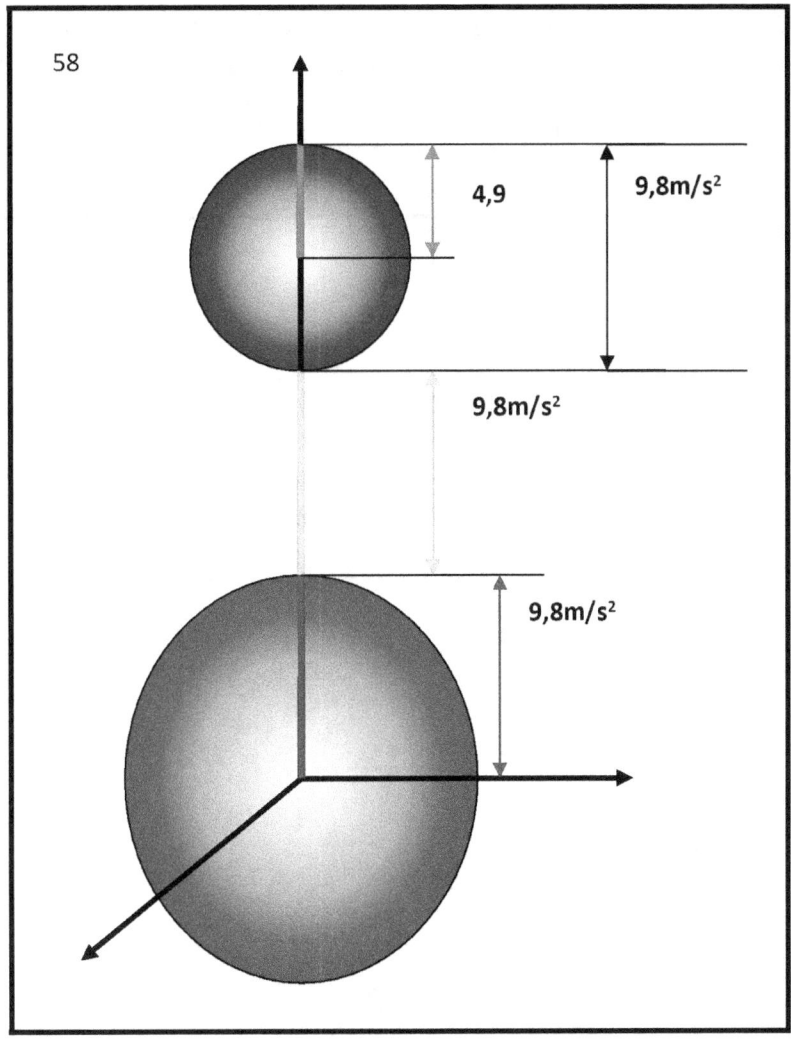

In Abbildung 58 sind die Erde, die kleine Kugel und der Abstand zwischen der Erde und der kleinen Kugel dargestellt. Dargestellt sind die Beschleunigungen, mit denen die Größe der beiden Radien zunimmt, und die Beschleunigung, mit der der Abstand zwischen der Erde und der kleinen Kugel zunimmt. Bei diesen Beschleunigungen und in diesen Entfernungen befinden sich die Erde und die kleine Kugel in einem Zustand relativer Ruhe.

Der Zustand der relativen Ruhe ist auch bei anderen Abständen zwischen der Erde und der kleinen Kugel möglich.

Siehe Abbildung 59.

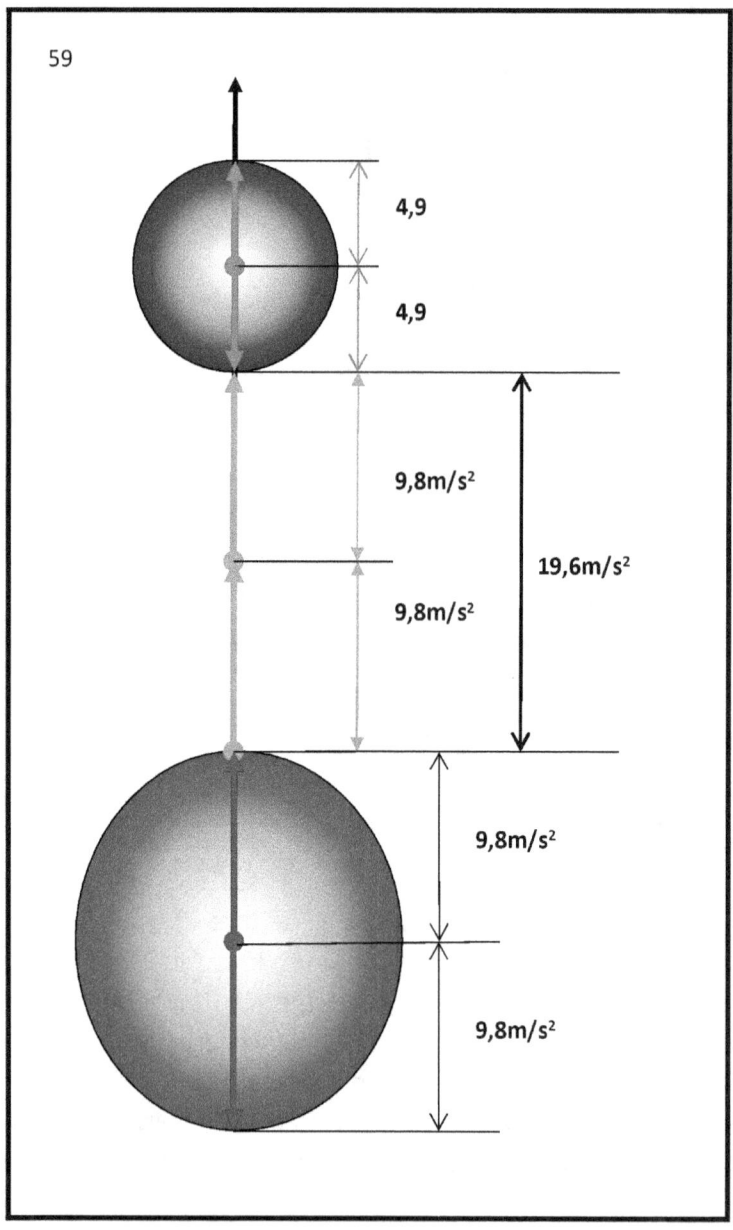

In Abbildung 59 sind eine große Erdkugel, eine kleine Kugel und **die vertikale** Achse des Koordinatensystems dargestellt. Die vertikale Achse des Koordinatensystems beginnt im Erdmittelpunkt und endet über der Oberfläche der kleinen Kugel. Dies ist der schwarze Pfeil, der oben sichtbar ist.

Dargestellt ist der Durchmesser der Erde, der blau ist, und die Beschleunigung der Erdoberfläche relativ zum Erdmittelpunkt. Dies sind zwei blaue Radien, die vom Erdmittelpunkt ausgehen und senkrecht zueinander stehen. Einer oben, der andere unten. Auf der rechten Seite befinden sich Zahlen und Doppelpfeile, die die Größe der Bodenbeschleunigung anzeigen. Neun ganze und acht Zehntel Meter pro Quadratsekunde ist die Erdbeschleunigung relativ zum Erdmittelpunkt.

Dargestellt sind der Durchmesser der kleinen Kugel in Rot und die Beschleunigungen der Radien der kleinen Kugel in Rot. Die Beschleunigungen der beiden Radien der kleinen Kugel sind mit roten Doppelpfeilen, Zahlen, dargestellt. Die Beschleunigungen sind in entgegengesetzte Richtungen, vom Zentrum der kleinen Kugel zur Oberfläche der kleinen Kugel. Die Beschleunigung der Oberfläche der kleinen Kugel relativ zum Mittelpunkt der kleinen Kugel beträgt vier ganze und neun Zehntel Meter pro Quadratsekunde.

Dargestellt ist der Abstand zwischen der Erde und der kleinen Kugel, der doppelt so groß ist wie der Abstand in der vorherigen Abbildung. Die Langstrecke wird mit einer grünen Linie angezeigt. Die Größe und Richtung der Beschleunigung wird durch einen grünen Pfeil angezeigt. Die Zahlen geben die Zahlenwerte der Beschleunigungen an. Doppelte Distanz, doppelte Beschleunigung. Bei diesen Dimensionen und diesen Beschleunigungen befinden sich die Erde und die kleine Kugel wieder in einem Zustand relativer Ruhe zueinander.

Die Abbildungen zeigen, dass absolute Bewegungen mit Beschleunigung relativ zueinander sind und sich in relativer Ruhe befinden.

Die Abbildungen zeigen, dass die relative Ruhe ein Sonderfall der absoluten Bewegung mit Beschleunigung ist.

Dies bedeutet, dass jede **relative Ruhe durch Beschleunigung auf eine absolute Bewegung reduziert werden kann.**

Ich möchte noch einmal betonen, dass dies eine äußerst wichtige, grundlegende Eigenschaft von Ruhe und Bewegung ist und dass die moderne Physik dieser Tatsache nicht genügend Aufmerksamkeit geschenkt hat.

Die Bedingung für relative Ruhe ist:

$$\frac{a_n}{S_n} = const.$$

Wo:

$$n = 1; 2; 3; \ldots \rightarrow \infty$$

ist eine Sequenznummer.

a_n - ist die Beschleunigung mit einer Ordnungszahl, die einer genau definierten Strecke S_n mit derselben Ordnungszahl entspricht.

S_n - ist ein Abstand mit einer Ordnungszahl, die einer genau definierten Beschleunigung a_n mit derselben Ordnungszahl entspricht.

$const.$ - ist eine numerische Konstante, die für den gesamten Satz bestehend aus Beziehungen zwischen Beschleunigungen und Abständen mit derselben Ordnungszahl gleich ist.

17. DREIDIMENSIONALE REALITÄT. EINDIMENSIONALE REALITÄT.

Die Eine Unendliche Realität ist dreidimensional. Aus Sicht der Mathematikwissenschaft kann die Eine Unendliche Realität durch mehr als drei Dimensionen dargestellt werden. An diesem Punkt ist es überflüssig.

Ein dreidimensionaler Raum wird durch ein dreiachsiges Koordinatensystem dargestellt. Ein dreidimensionaler Raum, der sich relativ zu seinem Mittelpunkt in einem beschleunigten Zustand befindet, vergrößert sich entlang der drei Achsen.

Die Vergrößerung der drei Achsen des Koordinatensystems erfolgt absolut gleichzeitig.

Die Vergrößerung der drei Achsen des Koordinatensystems erfolgt mit der gleichen Beschleunigung.

Siehe Abbildung 60.

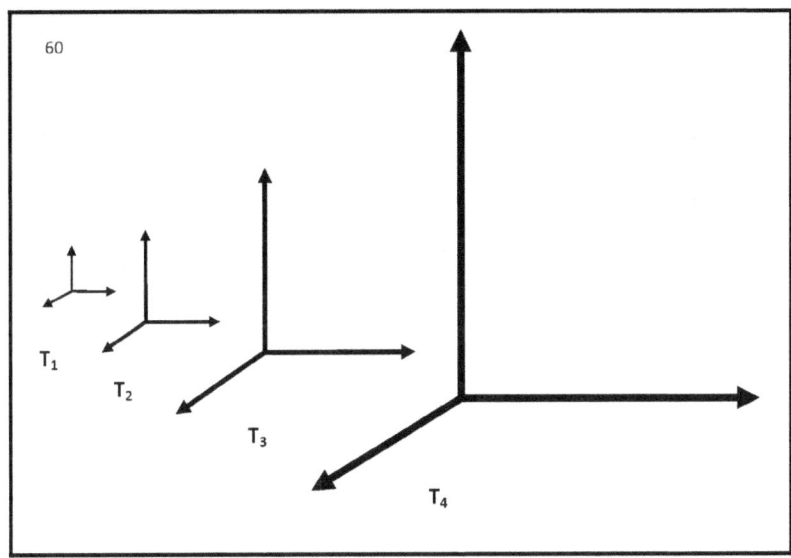

In Abbildung 60 sind vier Koordinatensysteme dargestellt, die unterschiedliche Dimensionen haben.

Es handelt sich um ein Koordinatensystem, das die Größe der drei Achsen in vier Zeiträumen skaliert. Zu jedem weiteren Zeitpunkt ist das Koordinatensystem doppelt so groß wie das vorherige. Jedes der vier Koordinatensysteme ist zu jedem Zeitpunkt relativ zu sich selbst in Ruhe.

Jede Achse des dreidimensionalen Koordinatensystems repräsentiert eine eindimensionale Realität.

Siehe Abbildung 61.

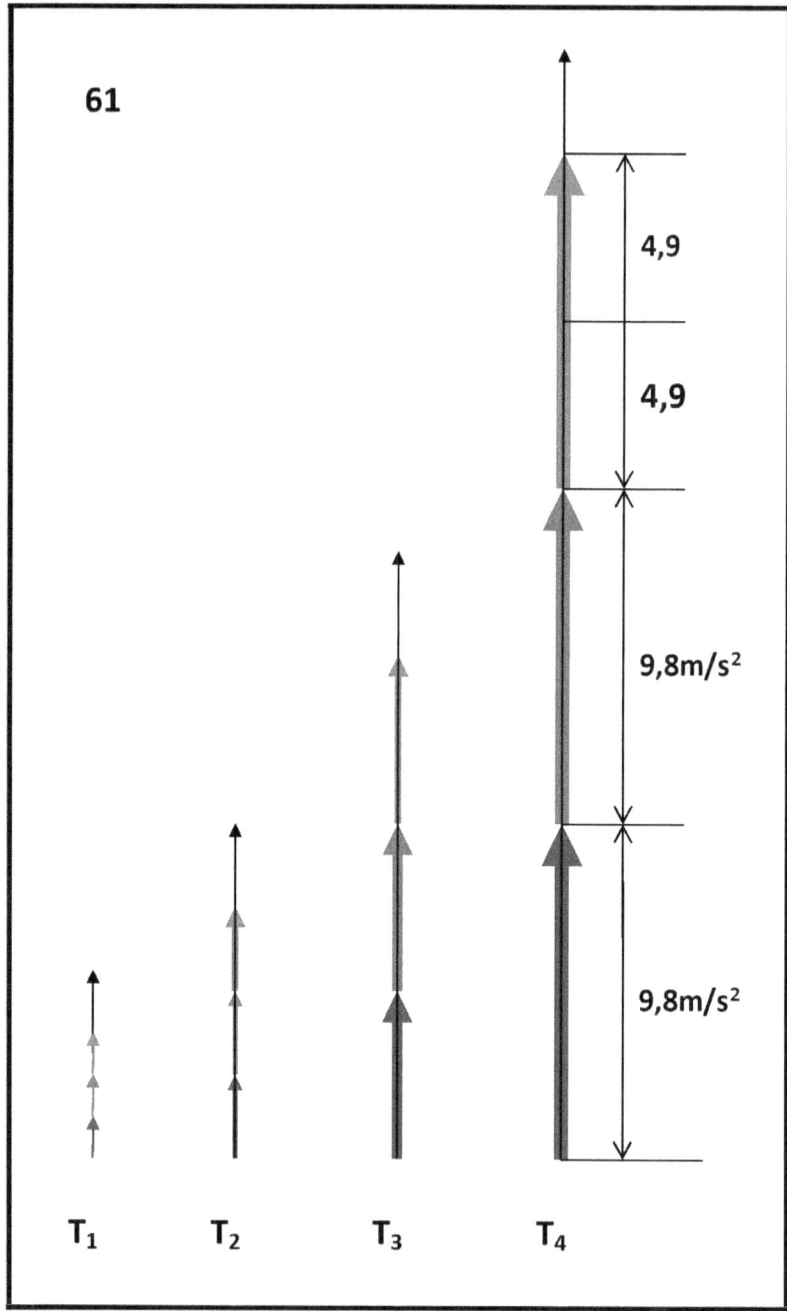

In Abbildung 61 ist nur die vertikale Achse

des dreidimensionalen Koordinatensystems dargestellt. Die vertikale Achse ist eine eindimensionale Realität. Gezeigt werden vier aufeinanderfolgende Zeitmomente eindimensionaler Realität. Beschleunigungen und Distanzinkremente werden angezeigt. In Blau ist die Beschleunigung und Vergrößerung des Radius des Planeten Erde dargestellt. Die grüne Farbe zeigt die Beschleunigung und Vergrößerung des Abstands zwischen dem Planeten Erde und der kleinen Kugel. In Rot ist die Beschleunigung und Vergrößerung des Durchmessers der kleinen Kugel dargestellt.

Der dünne schwarze Pfeil ist die vertikale Achse der dreidimensionalen Realität.

Das Wachstum der Entfernungen in Abhängigkeit vom Zeitwachstum wird grafisch dargestellt.

Siehe Abbildung 62.

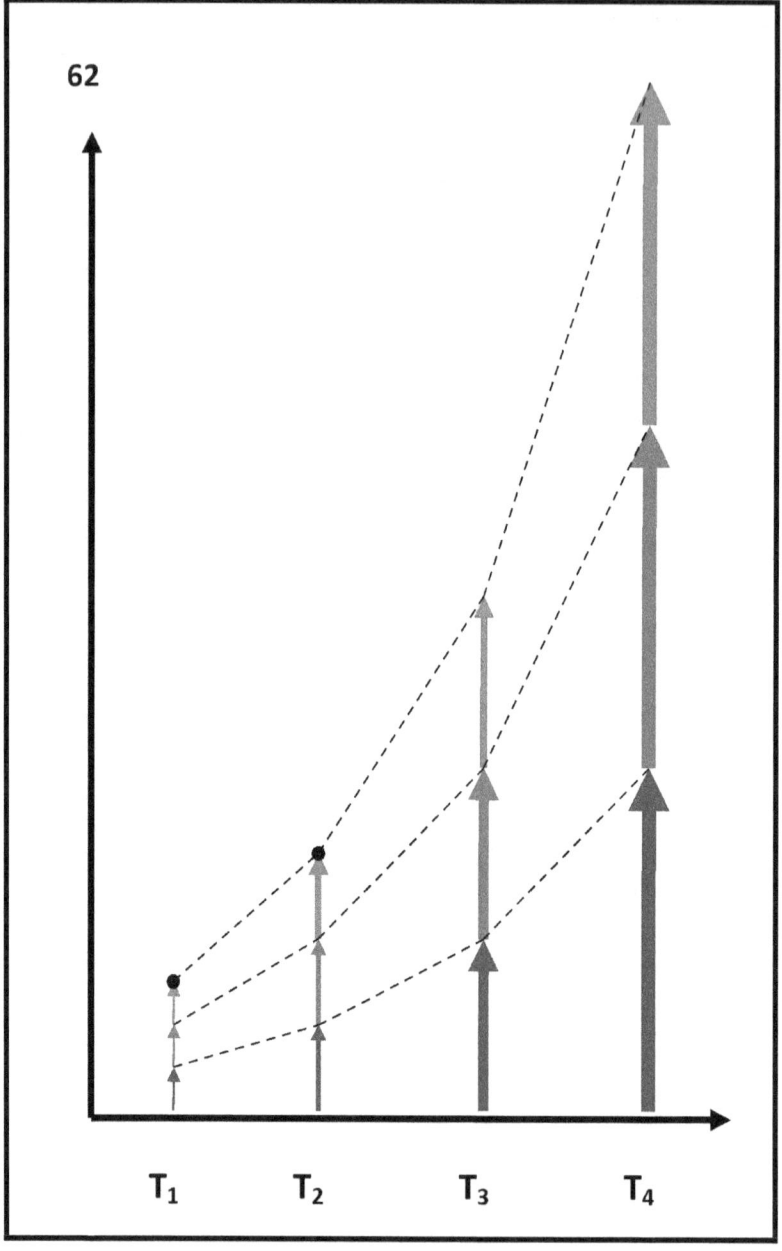

In Abbildung 62 ist das Diagramm des Zusammenhangs

zwischen zunehmenden Entfernungen und zunehmender Zeit dargestellt. Es werden vier Distanzen zu vier aufeinanderfolgenden Zeitpunkten angezeigt.

Die folgende Grafik zeigt eine eindimensionale Realität mit **einem zunehmenden Beschleunigungskoeffizienten** von einem Meter pro Sekunde im Quadrat. Die Existenzzeit der eindimensionalen Realität beträgt vier Sekunden.

Siehe Abbildung 63.

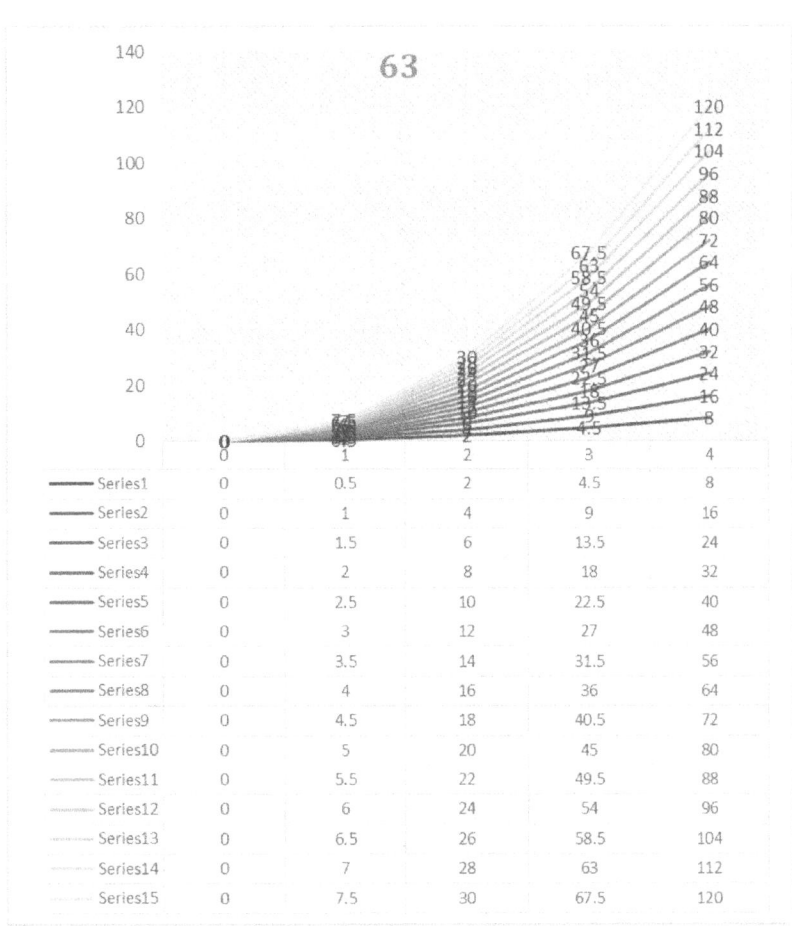

In Abbildung 63 ist eine eindimensionale Realität bestehend aus fünfzehn Grafikserien dargestellt. Die Grafikserie zeigt die Beschleunigung möglicher Punkte der eindimensionalen Realität. In der eindimensionalen Realität sind Entfernungen möglich, die sich in einem Zustand relativer Ruhe befinden.

Siehe Abbildung 64.

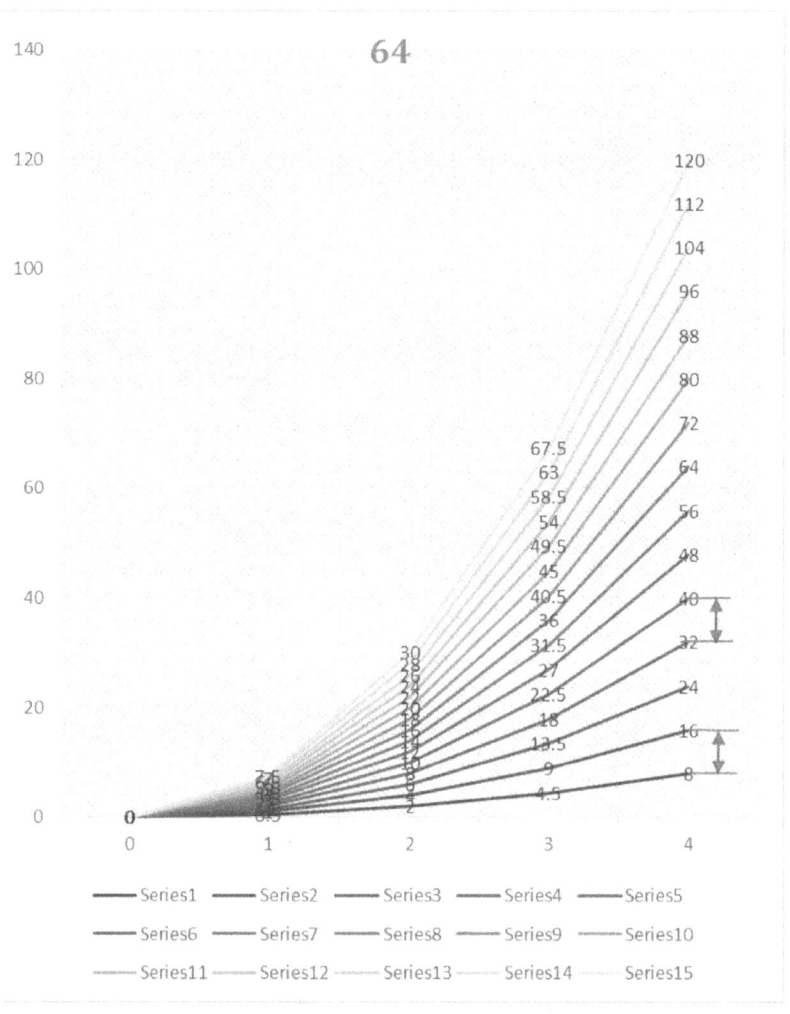

In Abbildung 64 ist eine eindimensionale Realität dargestellt, die eine Lebensdauer von vier Sekunden hat.

Gezeigt werden 15 Grafikserien. Bursts beginnen bei null Sekunden und enden bei vier Sekunden. Die horizontale Achse ist die Zeit, die vertikale Achse die zurückgelegte Strecke.

Serie eins ist ein Diagramm, das eine Beschleunigung von einem Meter pro Sekunde im Quadrat zeigt.

Serie zwei ist ein Diagramm, das eine Beschleunigung von zwei Metern pro Sekunde im Quadrat zeigt.

Serie drei zeigt eine Beschleunigung von drei Metern pro Sekunde im Quadrat.

Für jede weitere Serie ist die Beschleunigung entlang der vertikalen Achse um einen Meter größer.

Die Serie 15 befindet sich an der Spitze und die Beschleunigung beträgt 15 Meter pro Sekunde im Quadrat.

Der vertikale Abstand zwischen den Reihen beträgt immer einen Meter. Das Messgerät ist ein Standard, weist jedoch am Ende jeder folgenden Sekunde unterschiedliche Zahlenwerte auf.

Am Ende der vierten Sekunde entspricht der Zahlenwert des Abstands zwischen den Reihen der Zahl Acht.

Schauen Sie sich die Grafik, den roten Pfeil und die dünnen blauen Linien an. Die Zahlen sind sechzehn und acht. Der Unterschied zwischen ihnen beträgt acht.

Diese Acht ist ein Referenzabstand von einem Meter und liegt zwischen allen Serien entlang der Vertikalen der vierten

Sekunde. Am Ende der vierten Sekunde beträgt die Differenz zwischen benachbarten vertikalen Ziffern immer die Zahl Acht.

Am Ende der dritten Sekunde beträgt die Differenz zwischen den vertikal übereinander liegenden Ziffern immer die Zahl viereinhalb. Am Ende der dritten Sekunde ist die Zahl viereinhalb ein Maßstab für eine Entfernung von einem Meter.

Am Ende der zweiten Sekunde ist die Zahl zwei ein Maßstab für eine Entfernung von einem Meter.

In der eindimensionalen Realität sind physische Körper möglich, die relativ zu sich selbst in einem Ruhezustand existieren.

Siehe Abbildung 65.

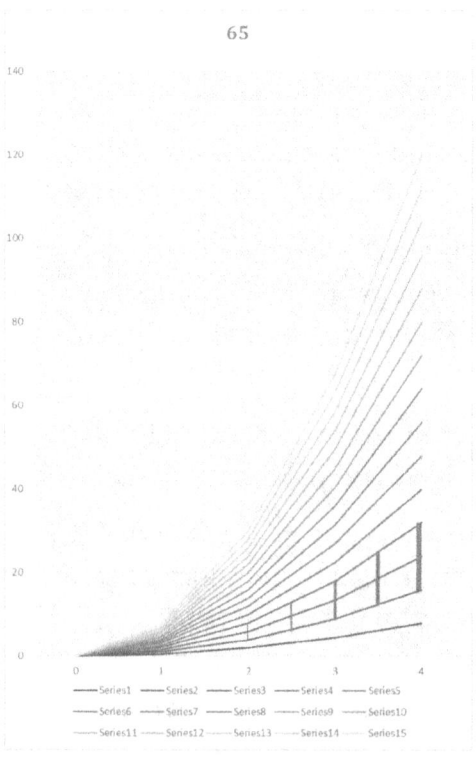

In Abbildung 65 ist ein zwei Meter langer Körper dargestellt, der relativ zu sich selbst ruht. Der Körper wird mit einer roten Linie dargestellt.

In der eindimensionalen Realität sind physische Körper möglich, die in Bezug auf sich selbst und in Bezug auf andere Körper in einem Ruhezustand existieren.

Siehe Abbildung 66.

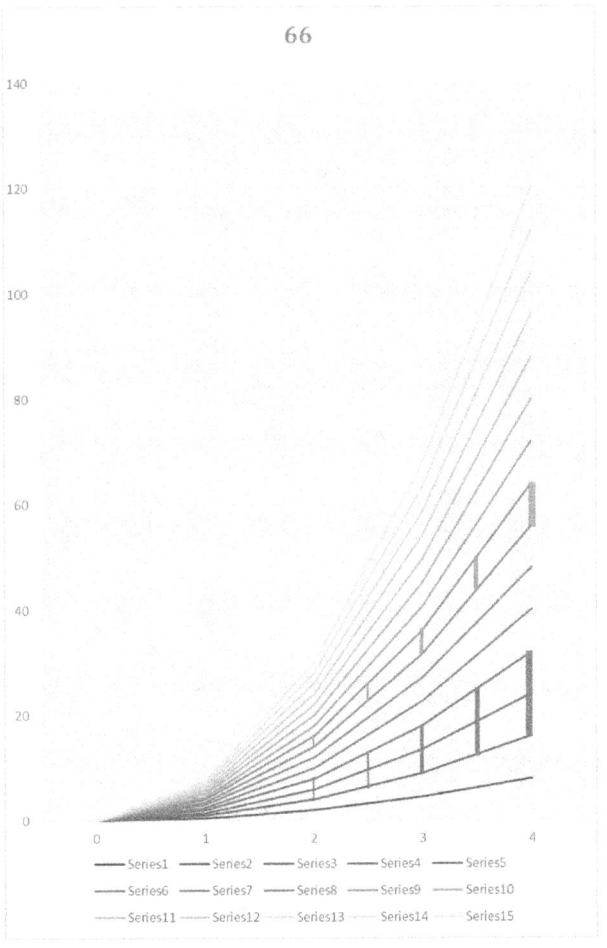

In Abbildung 66 ist eine eindimensionale Realität dargestellt, in der es ein grünes und ein rotes Objekt gibt. Das rote Objekt ist zwei Meter lang und befindet sich zwischen Serie zwei und Serie vier. Das grüne Objekt ist einen Meter lang und befindet sich zwischen Serie sieben und Serie acht. Der Abstand zwischen dem roten und dem grünen Objekt beträgt drei Meter. Das grüne Objekt ruht relativ zu sich selbst. Das rote Objekt ruht relativ zu sich selbst. Das rote Objekt und das grüne Objekt ruhen relativ zueinander.

In jeder eindimensionalen Realität kann eine gleichmäßige geradlinige Bewegung ausgeführt werden.

Siehe Abbildung 67.

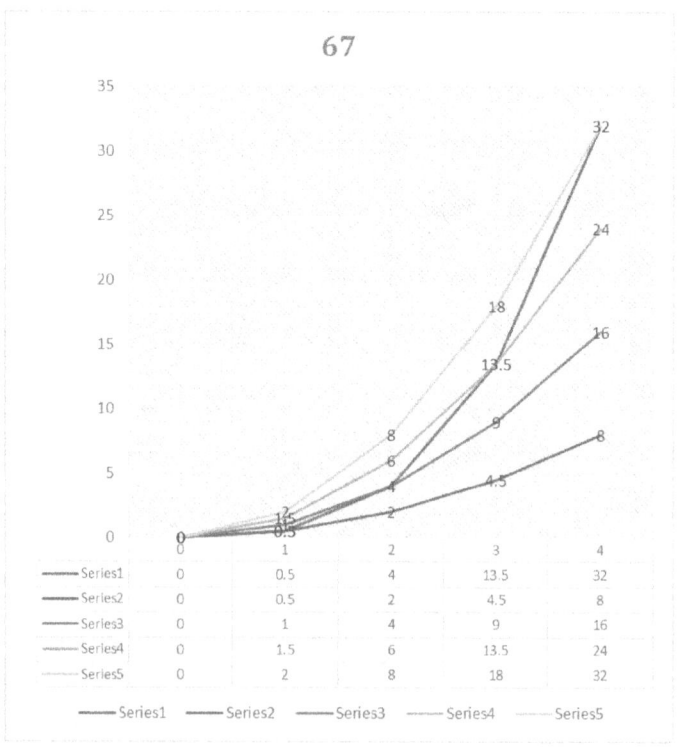

EINSTEINS DRITTER FEHLER

Abbildung 67 zeigt die gleichmäßige geradlinige Bewegung eines roten Punkts in eindimensionaler Realität, der einen Beschleunigungskoeffizienten von einem Meter pro Sekunde im Quadrat hat. Es wird eine Tabelle mit den Zahlenwerten der zurückgelegten Strecke angezeigt. Der rote Punkt bewegt sich gleichmäßig geradlinig mit einer Geschwindigkeit von einem Meter pro Sekunde.

Es ist möglich, Punkte zu verschieben, die sich relativ zueinander auf einer gleichmäßigen geraden Linie bewegen.

Siehe Abbildung 68.

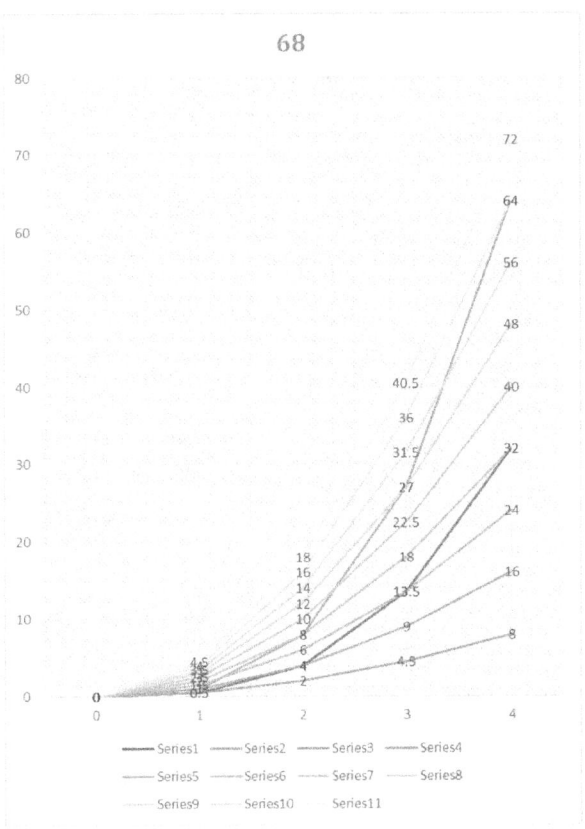

Abbildung 68 zeigt die eindimensionale Realität und die gleichmäßige geradlinige Bewegung eines roten und eines blauen Punkts.

Der rote Punkt bewegt sich relativ zur grünen eindimensionalen Realität gleichmäßig in einer geraden Linie mit einer Geschwindigkeit von einem Meter pro Sekunde.

Der blaue Punkt bewegt sich gleichmäßig in einer geraden Linie mit einer Geschwindigkeit von zwei Metern pro Sekunde relativ zur grünen eindimensionalen Realität.

Der blaue Punkt bewegt sich gleichmäßig geradlinig mit einer Geschwindigkeit von einem Meter pro Sekunde vom roten Punkt weg.

Es ist möglich, zwei oder mehr eindimensionale Realitäten relativ zueinander zu verschieben.

Siehe Abbildung 69.

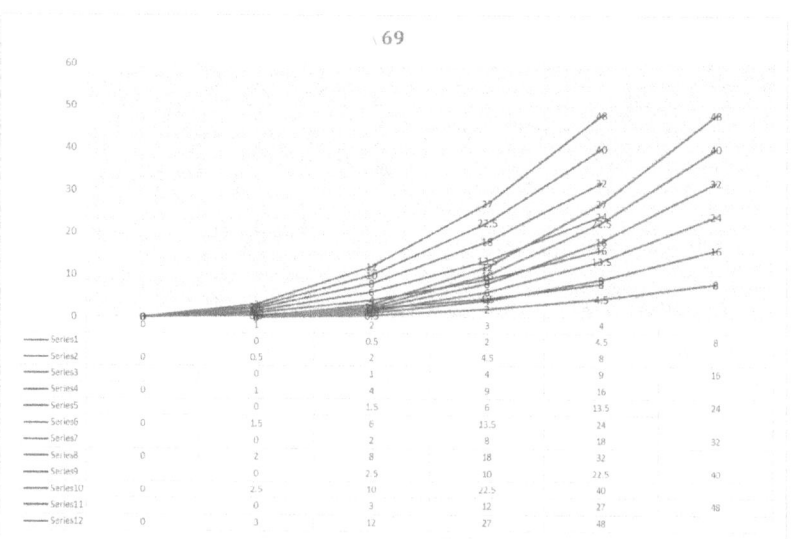

In Abbildung 69 sind zwei eindimensionale Realitäten dargestellt, die sich relativ zueinander gleichmäßig und geradlinig mit einer Geschwindigkeit von einem Meter pro Sekunde bewegen.

Die rote eindimensionale Realität existiert eine Sekunde früher als die blaue.

In einer eindimensionalen Realität ist eine Bewegung mit Beschleunigung eines beliebigen Punktes relativ zur gesamten eindimensionalen Realität möglich.

Siehe Abbildung 70.

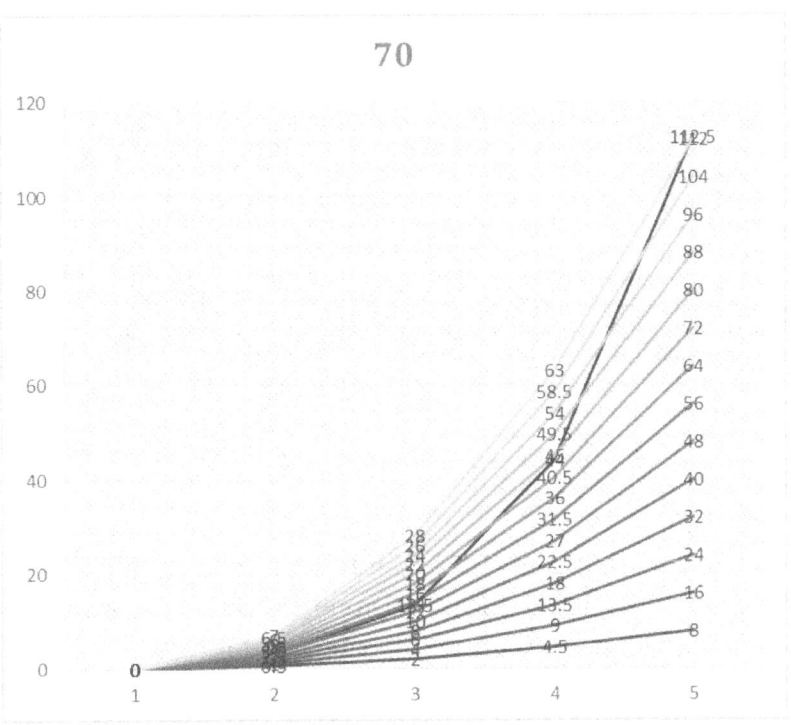

In Abbildung 70 ist ein Punkt dargestellt, der sich relativ zur eindimensionalen Realität mit Beschleunigung bewegt. Der Punkt bewegt sich in der eindimensionalen Realität mit einer

Beschleunigung von einem Meter pro Sekunde im Quadrat.

In der eindimensionalen Realität sind alle möglichen Bewegungsarten möglich.

Siehe Abb. 71.

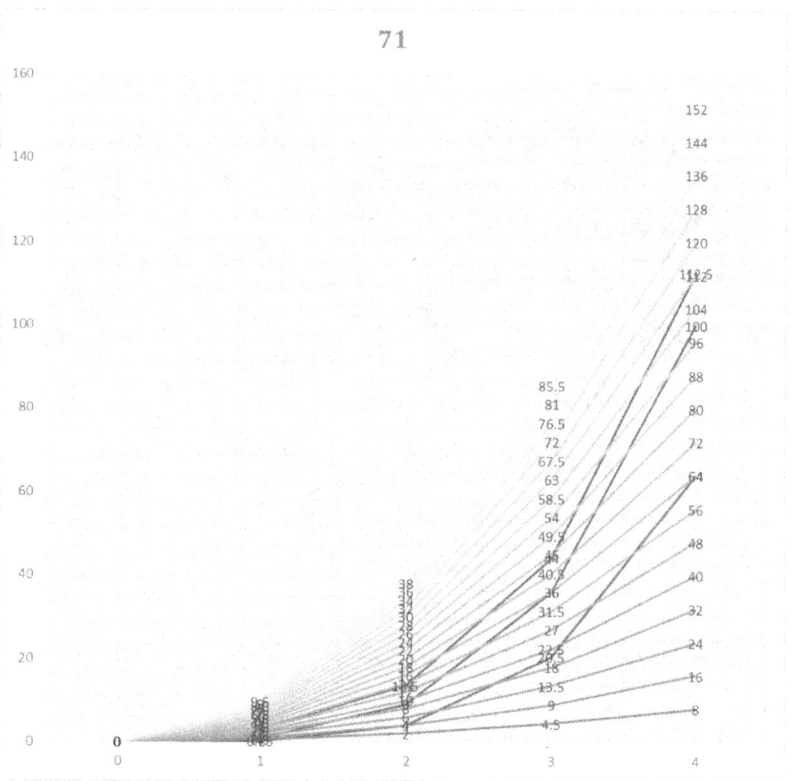

In Abbildung 71 sind eine grüne eindimensionale Realität, zwei blaue Punkte und ein roter Punkt dargestellt. Die beiden Blautöne ruhen relativ zueinander und bewegen sich mit Beschleunigung relativ zur grünen eindimensionalen Realität. Der rote Punkt bewegt sich mit Beschleunigung relativ zur grünen Realität und er bewegt sich gleichmäßig in einer geraden Linie relativ zu den beiden blauen Punkten.

18. ANSTRENGUNG. BESCHLEUNIGUNG.

Die Vergrößerung der Dimensionen einer multidimensionalen, Einen Unendlichen Realität erfolgt mit immer **größerer Geschwindigkeit**.

kontinuierlich **zunehmende Beschleunigung** wird **Beschleunigung** genannt.

In der Einen Unendlichen Realität gibt es Phänomene, die das Prinzip der Gleichheit belegen.

Der erste Beweis ist:

Die Grenzen des beobachtbaren Universums bewegen sich mit variabler Beschleunigung vom Zentrum des beobachtbaren Universums weg.

Dies bedeutet, dass die Beschleunigung des Randes relativ zum Zentrum ständig auf andere Weise zunimmt. Die Gesetze der inkrementellen Veränderung sind unterschiedlich und die Gesetze ändern sich ständig. Dies sind die höheren Ableitungen des Zeitpfads. Die Menge höherer Ableitungen ist unendlich groß.

Das Zentrum des beobachtbaren Universums ist der Planet Erde.

Definition:

Die Grenze des beobachtbaren Universums besteht aus einer unendlichen Anzahl **von Orten, die sich mit**

einer beobachtbaren Relativgeschwindigkeit gleich der Lichtgeschwindigkeit vom Planeten Erde entfernen.

Siehe Abbildung 72.

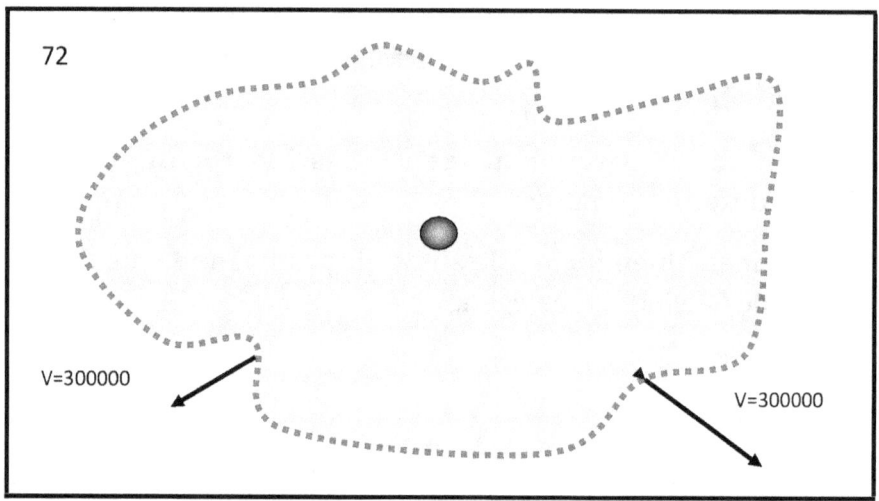

In Abbildung 72 sind der Planet Erde, das beobachtbare Universum und die Grenzen des beobachtbaren Universums dargestellt. Der Planet Erde ist die kleine Kugel in der Mitte der Figur. Der Planet Erde ist das Zentrum des beobachtbaren Universums. Das beobachtbare Universum ist hellblau gefärbt. Die Grenze des beobachtbaren Universums wird durch die gestrichelte rote Linie angezeigt. Die rote Linie besteht aus kleinen roten Quadraten. Die kleinen roten Quadrate sind **Orte** im beobachtbaren Universum. **Orte** sind **ganze Teile, die zum gesamten beobachtbaren Universum** gehören. Der Begriff des **Ortes** ersetzt den Begriff des Punktes. Den Begriff Punkt verwende ich bewusst nicht. Der Begriff eines Punktes ist eine mathematische Abstraktion. Im beobachtbaren Universum gibt es keine Punkte. Wenn ich das Konzept des **Ortes verwende**, beziehe ich die Bedeutung und den Inhalt ein, die Newton in

„Mathematische Prinzipien der Physik" verwendet hat.

Die unendlich vielen **Orte** , die die Grenzen des bekannten Universums definieren, erfüllen eine einzige, notwendige und hinreichende Bedingung:

einer beobachtbaren Relativgeschwindigkeit vom Zentrum des beobachtbaren Universums weg , die der Lichtgeschwindigkeit entspricht, nämlich dreihunderttausend Kilometer pro Sekunde. Das Phänomen **der beobachtbaren Relativgeschwindigkeit** wird ausschließlich als Bedingung für die Bestimmung der Grenze des „ **beobachtbaren**" Universums verwendet. Mit elektromagnetischen Wellen, die im sichtbaren optischen Bereich des Lichts liegen, können physikalische Objekte, die sich mit Geschwindigkeiten über der Lichtgeschwindigkeit wegbewegen, nicht beobachtet werden. Die wahre, absolute Bewegung der Grenze erfolgt mit Beschleunigung. Bei absoluter Bewegung mit Beschleunigung gibt es einen Moment, in dem die relative beobachtbare Geschwindigkeit des physischen Objekts relativ zum Zentrum gleich der Lichtgeschwindigkeit ist. Zu diesem Zeitpunkt befindet sich dieses physische Objekt am Rande des beobachtbaren Universums. Dieser Zustand hat in der Wissenschaft der Physik Tradition.

Die Grenze des **beobachtbaren** Universums ist keine Kugel. Die in der Abbildung dargestellte Grenze ist kein Kreis und nicht die wahre Grenze des beobachtbaren Universums. Dies ist ein mögliches Beispiel.

Der zweite Beweis ist:

An verschiedenen Punkten an der Grenze des beobachtbaren Universums  **ist die Beschleunigung unterschiedlich** .

Siehe Abbildung 73.

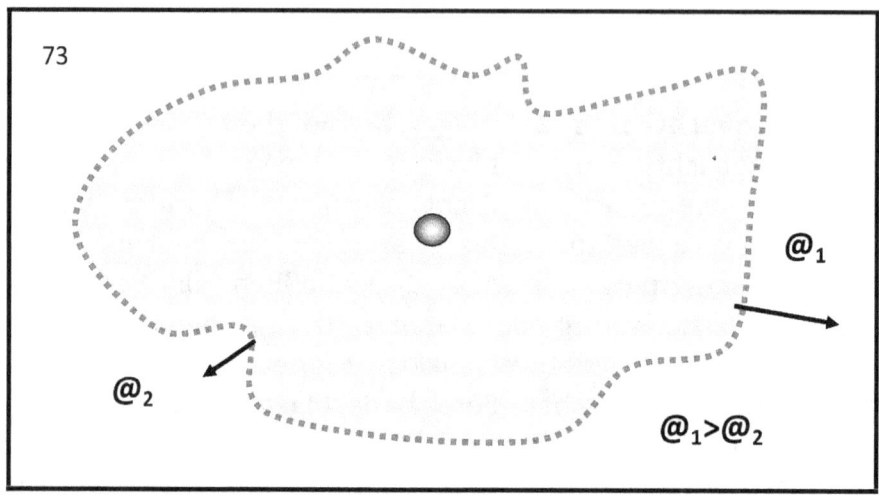

Abbildung 73 zeigt unterschiedliche Beschleunigungen an der Grenze der beobachtbaren Realität. Die Größe der Beschleunigung ist relativ zum Zentrum des beobachtbaren Universums. Das Zentrum des beobachtbaren Universums ist der Planet Erde.

Der dritte Beweis lautet:

Ein Stab mit einer Länge, die dem Durchmesser des Planeten Erde entspricht, beschleunigt an beiden Enden mit einer Beschleunigung von neun mal acht Metern pro Sekunde im Quadrat, bezogen auf seinen Mittelpunkt.

Unter dieser Bedingung befinden sich der Planet Erde und der Stab in einem Zustand relativer Ruhe.

Siehe Abbildung 74.

EINSTEINS DRITTER FEHLER

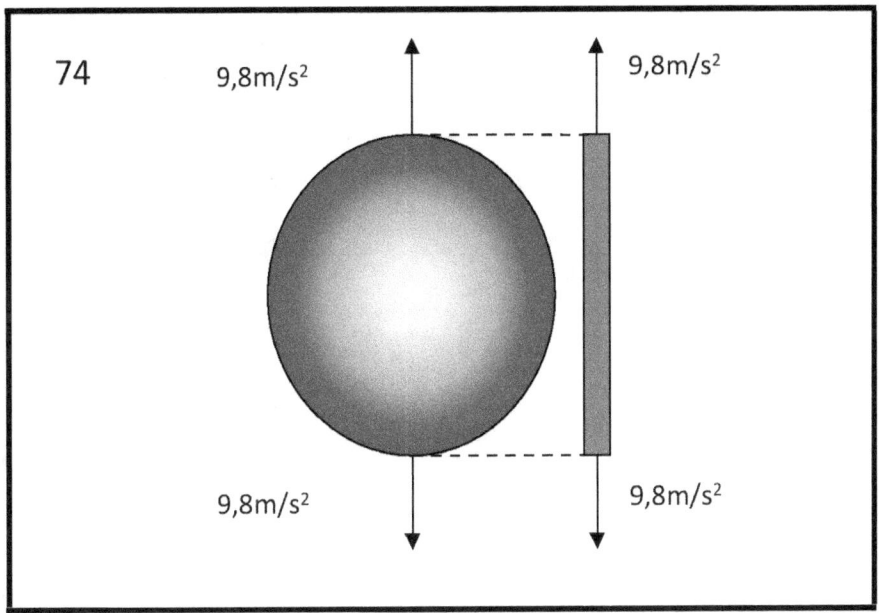

In Abbildung 74 ist der Planet Erde und ein Stock dargestellt. Die Länge des Stabes entspricht der Länge des Durchmessers des Planeten Erde. Die beiden Enden der Stange bewegen sich mit der Wurzel relativ zur Mitte der Stange. Die Beschleunigung beträgt neun ganze acht Meter pro Quadratsekunde.

Der vierte Beweis lautet:

Die Temperatur in der Mitte des Stabes ist höher als die Temperatur an beiden Enden des Stabes.

Der Stab wird in der Mitte erhitzt.

Siehe Abbildung 75.

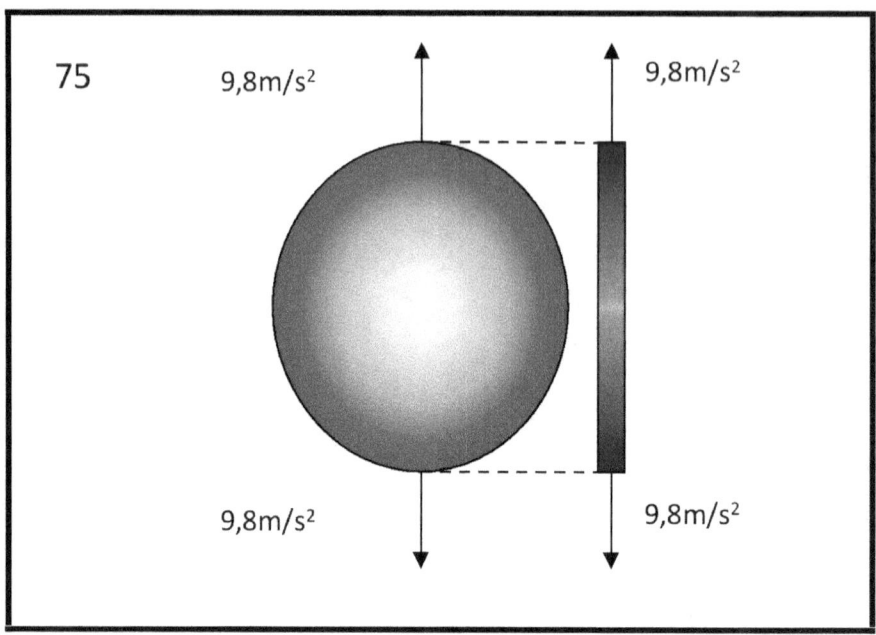

Abbildung 75 zeigt den Planeten Erde und einen Stock. Die Länge des Stabes entspricht der Länge des Durchmessers des Planeten Erde. Die Mitte des Stäbchens ist rot, weil die Temperatur hoch ist.

19. TÄTIGKEITSBEREICH. GEMEINSAME GRUNDLEGENDE ESSENZ DER EINEN UNENDLICHEN REALITÄT.

In den Grundgesetzen der Physik definiere ich zwei miteinander in Beziehung stehende Größen, nämlich **Beschleunigung** und **Kraft**.

Die Beschleunigung $\textcircled{a}$,- ist gleich den höheren Ableitungen von Weg und Zeit, die größer oder gleich drei sind.

$$\textcircled{a} = \frac{x}{t^n} \quad \ldots\text{Wo:} \quad n \geq 3$$

Die Kraftanstrengung Φ ist gleich dem Produkt aus der Masse des Körpers m und der Beschleunigung $\textcircled{a}$.

$$\Phi = m . @$$

Der Buchstabe Φ stammt aus dem slawisch-bulgarischen Alphabet – Kyrillisch.

Im **Bereich der Anstrengung findet die universelle Interaktion zwischen den gesamten Teilen der gesamten Einen Unendlichen Realität** statt.

Es ist die einzige universelle Verbindung zwischen der unendlichen Vielzahl einzelner Ganzheiten, die nur auf diese Weise den Inhalt des Phänomens der **gesamten Einen Unendlichen Realität bilden.** Das Phänomen **der gesamten Einen Unendlichen Realität** ist möglicherweise durch und in einem Zustand ständig wechselnder **Beschleunigung widerspiegelbar**

manifestiert sich die relative Essenz der absoluten Bewegung, die der **gesamten Einen Unendlichen Realität innewohnt**

Als sich ständig verändernde Beschleunigung erscheint es zwischen den Diskontinuitäten der **gesamten Einen Unendlichen Realität**.

Eine sich ständig ändernde Beschleunigung ist die Ursache für das Auftreten einer unendlichen **Menge** einer bestimmten **Qualität** und einer unendlichen **Menge** unterschiedlicher **Qualitäten**.

Die Kraft ist gleich dem Produkt aus der Masse des Ganzen und seiner Beschleunigung.

$$\Phi = m \cdot @$$

Wo:

Mit dem Buchstaben m markieren wir die Masse des Ganzen.

Mit dem Buchstaben Φ aus dem slawisch-bulgarischen kyrillischen Alphabet bezeichnen wir **Anstrengung** und bezeichnen mit diesem Begriff **eine physikalische Grundgröße**, die gleich dem Produkt aus der Masse des Ganzen und der Beschleunigung ist.

Mit dem Vorzeichen $@$ bezeichnen wir *die Beschleunigung* und bezeichnen mit diesem Begriff **eine physikalische Grundgröße**, die gleich oder größer als die dritte Ableitung des Weges nach der Zeit ist.

$$\textcircled{a} = \frac{x}{t^n} \ldots\ldots n \geq 3$$

Das Gesetz der Kraftanstrengung und sein Zusammenhang mit der Beschleunigung gehören aufgrund seiner historischen Entstehung zu den drei wichtigsten Gesetzen der klassischen Grundlagenphysik. Somit gibt es nun vier Grundgesetze der Physik.

Das Gesetz der Anstrengung umfasst hinsichtlich seiner Fundamentalität und Universalität die ersten drei Gesetze Newtons.

Dies gibt Anlass, es das „nullte" Gesetz der Physik zu nennen.

Die Gründe liegen in der Tatsache begründet, dass Newtons Gesetze eine quantitative Kraftwechselwirkung zwischen Körpern mit einer bestimmten Masse definieren, und zwar **immer dann und nur dann** , wenn **die Kraft bereits manifestiert ist und einen bestimmten Wert hat** .

In dem Buch „Mathematische Prinzipien der Physik" verwendet Newton ganz bewusst regelmäßig die Terminologie „... **Wirkung einer angewandten Kraft** ...".

Newtons tiefe Idee ist, dass diese Kraft aufgetaucht ist und bereits existiert und angewendet werden kann und wirkt, wenn sie angewendet wird.

Man könnte argumentieren, dass sich Newtons erstes Gesetz nicht auf die gegenseitige Kraftwechselwirkung bezieht.

Wenn wir die Art und Weise, wie es definiert wird, sorgfältig analysieren, werden wir zu dem Schluss kommen, dass dies nicht wahr ist.

Das Gesetz besagt:

„**Ein Körper befindet sich in einem Ruhezustand oder einer gleichmäßigen geradlinigen Bewegung, wenn keine Kraft auf ihn ausgeübt wird.**"

Das Gesetz lässt sich wie folgt formulieren:

„**Ein Körper befindet sich in einem Ruhezustand oder einer gleichmäßigen geradlinigen Bewegung, wenn auf ihn eine Kraft gleich Null einwirkt.**"

Mancher Leser wird vielleicht einwenden, dass es keinen Sinn macht, von einer Kraft gleich Null zu sprechen, weil das bedeutet, dass überhaupt keine Kraft ausgeübt wird. Meine Antwort ist, dass es möglich ist, Kräfte gleicher Größe und entgegengesetzter Richtung anzuwenden, und dann ist das Ergebnis der Aktion Null.

Daher ist die Trägheitsbewegung oder der relative Ruhezustand eines bestimmten Dings nur dann möglich, wenn die Summe der auf diesen Körper einwirkenden Kräfte gleich Null ist.

Mit anderen Worten: Aus philosophischer Sicht bezeichnen die Begriffe Ruhe und Bewegung objektive Phänomene, die eng mit dem Ergebnis der Wirkung bestimmter Kräfte verbunden sind.

Daraus folgt, dass der Ausgangspunkt oder die Ausgangsposition für die Bestimmung des Phänomens der Ruhe und des Phänomens der gleichmäßigen geradlinigen Bewegung **das Manifestierte ist** Kraftwirkung. Es ist kein Zufall, dass Newton das Konzept der „Wirkung einer ausgeübten Kraft" verwendete.

Das zweite Newtonsche Gesetz gibt direkt die Größe einer wirkenden Kraft an, ausgedrückt als Produkt aus der Masse des Objekts und seiner Beschleunigung.

Das Gesetz wird wie folgt festgehalten:

$$F = m.a$$

Auf Lateinisch lautet das Gesetz so:

„Mutationem motus proportionalem esse vi motrici impressae et fieri secundum lineam rectam qua visilia imprimitur".

Aus dem slawischen Bulgarischen Kyrillisch, per elektronischem Übersetzer:

„Die Änderung des Bewegungsbetrags ist proportional zur aufgebrachten Antriebskraft und erfolgt entsprechend dem Recht, auf das diese Kraft einwirkt."

Es kann ausgedrückt werden als:

Wirkt eine m Antriebskraft auf einen Körper mit Masse F, so befindet er sich in einem Bewegungszustand mit konstanter Beschleunigung a.

Es ist nicht notwendig, eine Analyse durchzuführen, um zu sehen, dass das Gesetz die Größe der Kraft angibt, wenn sie **sich bereits manifestiert hat** und einen konstanten konkreten Wert hat.

Newtons drittes Gesetz in lateinischer Sprache:

> „Actioni contrariam semper et aequalem esse reactionem: sive corporum duorum actiones in se mutuo semper esse aequales et in partes contrarias dirigi"

Aus dem slawischen Bulgarischen Kyrillisch, per elektronischem Übersetzer:

„Die Wirkung ist immer gleich und der Gegenwirkung entgegengesetzt, mit anderen Worten, die Wechselwirkungen zweier Körper aufeinander, untereinander sind gleich und in entgegengesetzte Richtungen gerichtet."

Auf diese Weise ausgedrückt zeigt es, dass, wenn auf einen Körper eine Kraft von einem anderen Körper einwirkt, der Körper mit einer Kraft reagiert, die gleich groß und entgegengesetzt gerichtet ist.

manifestierte Kraft handelt und **arbeitet bereits** mit einer bestimmten konstanten Größe.

Wir stellen nur eine, aber äußerst wichtige Frage:

Wie erscheint es ? die Wirkung der Kraft F ?

Unsere Antwort, die ein Ergebnis der erstellten Effort-Field-Hypothese ist, lautet:

Das Ausmaß der Interaktion zwischen Dingen erscheint in einem Feld der Anstrengung.

Siehe Abbildung 76.

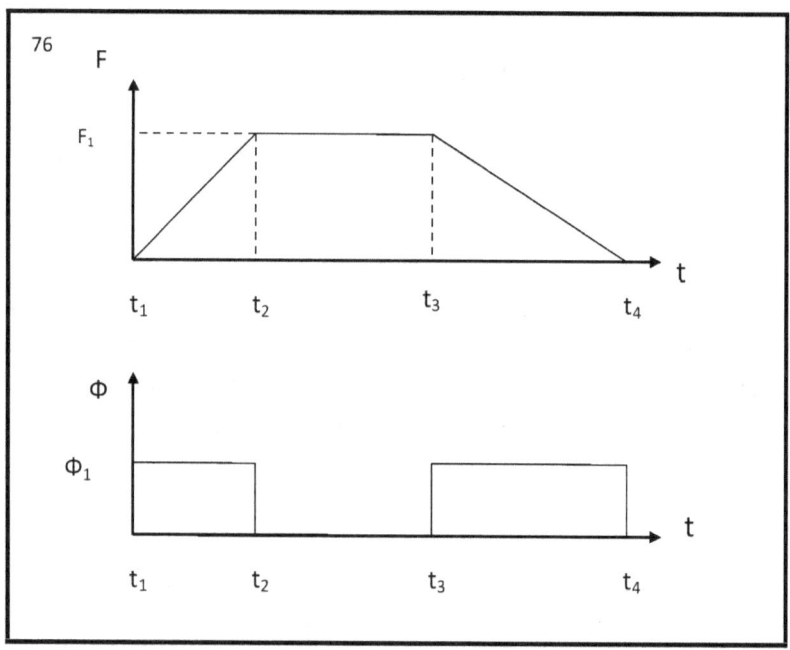

die Kraft F im Zeitintervall auftritt

$t_2 - t_1$ und wie sie von Null auf einen bestimmten Wert ansteigt F_1, siehe das obige Koordinatensystem.

Im gleichen Zeitintervall $t_2 - t_1$ wird das Phänomen der konstant wirkenden Kraft beobachtet Φ_1, das im unteren Koordinatensystem dargestellt ist.

Im Zeitintervall $t_4 - t_3$ nimmt die Kraft von einem bestimmten Wert F_1 auf Null ab (oberes Diagramm) und erscheint wieder als konstante wirkende Kraft der Größe Φ_1, die im zweiten (unteren) Koordinatensystem angezeigt wird.

Wir müssen noch einmal betonen, dass die auf diese Weise zum Ausdruck gebrachten Überlegungen uns Anlass

$$\Phi = m.\,@$$

geben, das Gesetz der Anstrengung zum „Null"-Gesetz der Physik zu erklären, das den Newtonschen Gesetzen vorausgeht.

Als ein Gesetz, das in der absoluten Grundlage aller **Einen Unendlichen Realität wirkt**.

Als Gesetz ist das der Grund für das Erscheinen der ersten drei Newtonschen Gesetze.

Als Gesetz, das das Phänomen **Feld der Anstrengung definiert**.

Als Gesetz, das die Tür öffnet, hinter der die Schaffung einer allgemeinen Feldtheorie möglich ist.

Dieses Gesetz ist im Wesentlichen eine Einführung in die ALLGEMEINE FELDTHEORIE.

Der Begriff „ **Feld der Anstrengung" dient dazu, ein in der gesamten Einen Unendlichen Realität** existierendes Phänomen zu bezeichnen, dessen Wesen einen universellen Grundcharakter hat.

Zeit und der Art und Weise, wie sie erscheinen, erscheinenden Einheiten erweisen konstruiert und existieren in den realen Dingen der Natur.

Rein praktisch gesehen würde die technologische Beherrschung des **Arbeitsfeldes** der Menschheit grenzenlose Informationsfreiheit verschaffen, um absolut gleichzeitig mit der **gesamten Unendlichen Realität** und ihren Bestandteilen **zu kommunizieren**.

Sollte sich diese Aufgabe der technologischen Beherrschung entfernter Aktionen jedoch als der unerreichbarste Traum erweisen, dann wird die Menschheit für immer den Beschränkungen unterliegen, die ihr durch Zeit, Raum und Bewegung auferlegt werden.

Optimismus inspiriert die moderne Entwicklung der philosophisch-physikalischen Auffassung der Realität, die Hoffnung gibt, dass dies nicht passieren wird.

Diese beiden neuen Größen – **Anstrengung und Beschleunigung** – und die Beziehung zwischen ihnen ermöglichen es uns, den Inhalt einiger grundlegender Kategorien der Physik zu erneuern.

Zum Beispiel:

Kraft, definiert durch Newtons zweites Gesetz F, hat eine regelmäßige Beziehung zur relativen Wechselwirkung und ihrem quantitativen Wesen.

Der Aufwand Φ drückt den Umfang der absoluten Interaktion aus.

Schwere Masse – die Anzahl der Brüche im Kontinuum.

Die träge Masse – die Kontinuität der Speicherung der Verbindung zwischen Brüchen.

Diese Fragen sowie einige höhere Ableitungen des Zeitpfades sollten jedoch Gegenstand einer gesonderten wissenschaftlichen Analyse sein.

20. NEWTON, SCHWERKRAFT UND KRAFTFELD.

Das Prinzip der Gleichförmigkeit zeigt, dass es keine Anziehungskraft der Schwerkraft gibt, wie sie Newton darstellt. Was Newton die Kraft der Gravitationsanziehung nannte, ist eine Bewegung mit Beschleunigung. Die Sonne und die Planeten des Sonnensystems vergrößern ihre Radien unterschiedlich schnell. Die Vergrößerung der Radien mit unterschiedlicher Beschleunigung erfolgt relativ zum Mittelpunkt des jeweiligen Planeten und zum Mittelpunkt der Sonne.

Das Sonnensystem vergrößert seinen Radius mit der Beschleunigung. Die Beschleunigung der Peripherie des Sonnensystems ist relativ zum Zentrum des Sonnensystems. Das Zentrum des Sonnensystems fällt mit dem Zentrum der Sonne zusammen.

Newtons Gesetz der Gravitationsanziehung gilt innerhalb der Grenzen des Sonnensystems. Aber was Newton Gravitationsanziehung nannte, ist eine schiebende, schiebende Bewegung mit Beschleunigung.

Die Schubbewegung, also das Schieben mit Beschleunigung, findet im Kraftfeld statt. Es kommt zu einer Beschleunigung , die die Ursache für das Auftreten einer Schubkraft ist. Die Größe der Schubkraft innerhalb der Grenzen des Sonnensystems wird durch das von Newton aufgestellte Gesetz der Gravitationsanziehung berechnet. An anderer Stelle in der Einen Unendlichen Realität wird sich die Größe der abstoßenden Kraft von der abstoßenden Kraft unterscheiden, die innerhalb der Grenzen des Sonnensystems wirkt. Das bedeutet, dass Newtons Gravitationsgesetz anders sein wird.

Die Menge der „anderen Newtonschen Gesetze" in der Einen Unendlichen Realität ist unendlich groß.

Die Schubkraft erscheint im Kraftfeld und hängt von dem Gesetz ab, nach dem sich die Beschleunigung ändert.

In der Einen Unendlichen Realität ist die Anzahl möglicher Gesetze, durch die die Beschleunigung verändert wird, unendlich groß.

21 ZEIT

In der Einen Unendlichen Realität existiert das Phänomen der Zeit. Die Essenz des Zeitphänomens ist Bewegung mit zunehmender Beschleunigung.

Eine grundlegende Eigenschaft des Zeitphänomens ist die integrale Irreversibilität.

www.ingramcontent.com/pod-product-compliance
Lightning Source LLC
Chambersburg PA
CBHW071125240526
45465CB00024B/1191